计算机类技能实战系列丛书
互联网+创新型“十四五”精品教材

Web前端技术

主　编◎郑周龙　刘霄宇　张金波
副主编◎杨　帆　骆任芳　李婷瑶
王艳萍　廖季萍　王晓光

哈爾濱工程大學出版社
Harbin Engineering University Press

内 容 简 介

本书以项目任务式体例模式编写而成。全书共6个项目，主要包括Web基础知识、HTML5语言应用、CSS应用、盒子模型及应用、表单和多媒体应用、JavaScript应用。读者通过对本书的学习可以了解大数据与人工智能的应用如何改变生活。

本书结构清晰，语言简洁，既可作为应用型本科院校、职业院校相关专业的教材，也可作为网页设计和网站开发爱好者的入门学习用书。

图书在版编目（CIP）数据

Web前端技术 / 郑周龙，刘霄宇，张金波主编.
哈尔滨 : 哈尔滨工程大学出版社，2025. 1. -- ISBN
978-7-5661-4677-9

Ⅰ. TP393.092.2

中国国家版本馆CIP数据核字第2025BB9795号

Web前端技术
Web QIANDUAN JISHU

选题策划 张林峰
责任编辑 田 婧

出版发行 哈尔滨工程大学出版社
社　　址 哈尔滨市南岗区南通大街145号
邮政编码 150001
电　　话 0451-82519989
经　　销 新华书店
印　　刷 三河市中晟雅豪印务有限公司
开　　本 787 mm×1 092 mm　1/16
印　　张 15
字　　数 384千字
版　　次 2025年1月第1版
印　　次 2025年1月第1次印刷
书　　号 ISBN 978-7-5661-4677-9
定　　价 49.80元

http://www.hrbeupress.com
E-mail:heupress@hrbeu.edu.cn

前 言

党的二十大报告中指出，育人的根本在于立德，要全面贯彻党的教育方针，落实立德树人的根本任务，培养德、智、体、美、劳全面发展的社会主义建设者和接班人。报告中的内容为我国新时代的教育事业指明了清晰且坚定的方向，也为我们提供了思想指引和行动指南。

随着宽带的普及，上网变得越来越方便，以前只有专业公司才能提供的Web服务，现在许多普通的宽带用户也能做到。也许你会觉得网页制作很难，然而如果使用HTML5+CSS+JavaScript 相关技术，即使制作一个功能强大的网站，也是一件非常容易的事情。

本书以由浅入深、循序渐进的方式展开讲解，以合理的结构和经典的范例对最基本和实用的功能进行了详细的介绍，具有极高的实用价值。通过对本书的学习，读者可以掌握网页设计和网站开发技术的基本知识和应用技巧。

（1）案例丰富，简单易懂：本书从帮助用户快速熟悉和提升网页设计与网站开发技术应用技巧的角度出发，尽量结合实际应用给出详尽的操作步骤与技巧提示，力求将最常见的方法与技巧全面细致地介绍给读者，使读者容易掌握。

（2）技能与思政教育紧密结合：在讲解网页设计和网站开发技术专业知识的同时，紧密结合思政教育主旋律，从专业知识角度触类旁通地引导学生相关思政品质的提升。

（3）项目式教学，实操性强：全书采用项目式教学，把网页设计和网站开发技术应用知识分解并融入一个个实践操作的训练项目中，增强了本书的实用性。

本书由郑周龙（高州市第一职业技术学校）、刘霄宇（鞍山职业技术学院）、张金波（辽阳职业技术学院）担任主编，由杨帆（集美工业学校）、骆任芳（广西交通技师学院）、李婷瑶（新乡职业技术学院）、王艳萍(郑州铁路职业技术学院)、廖季萍（赣州职业技术学院）、王晓光（平顶山工业职业技术学院）担任副主编。本书的相关资料和售后服务可扫封底微信二维码或登录 www.bjzzwh.com 下载获得。

由于编者水平有限，书中难免存在疏漏和不当之处，敬请各位专家及读者批评指正。

编 者

目　　录

CONTENTS

项目1　Web基础知识

项目导读

在当今数字化时代，Web技术已经成为信息传播和交流的重要平台。无论是社交、购物、教育还是娱乐，互联网都扮演着不可或缺的角色。而构建一个功能丰富、用户体验良好的网站，需要扎实的Web基础知识作为支撑。本项目主要介绍Web技术的基础知识。

学习目标

◆ 知识目标

- 掌握网页的概念、基本构成要素等相关知识。
- 熟练使用常用的开发工具。
- 了解网站的建设流程。

◆ 技能目标

- 掌握下载和安装开发工具软件的方法。
- 掌握站点创建的过程。
- 能够熟练进行创建和保存网页，运行网页等操作。

◆ 素质目标

- 在学习网页设计和网站开发的过程中，培养学生创新思维和解决问题的能力。
- 通过搭建开发环境，强化学生的动手能力和实际操作技能，使其能够在实际操作中深入理解理论知识，培养解决实际问题的能力。

思政目标

- 激发学生为国家信息化发展贡献智慧和力量的热情。
- 培养学生良好的网络道德和法律意识，为构建健康的网络空间贡献力量。

任务 1　网页与网站基础

任务描述

网页和网站是两个相关但不同的概念，网站是网页的集合。也就是说，网站的设计者先把整个网站的结构规划好，再依据结构制作出不同的网页，并让网页间彼此相连，这种完整的结构就称为网站。

任务分析

在制作网页和网站之前，读者首先要认识网页，了解网页和网站之间的关系，了解网页的基本构成要素以及设计基础。

任务重点与实施

1.1.1　网页

要想知道网站的组成，得先认识网页。通过浏览器在互联网上看到的每一个画面都是网页。网页是互联网展示信息的一种形式，它是由超文本标记语言(hyper text markup language，HTML)或者其他语言编写的，通过浏览器编译后供用户获取信息的页面，又称为 Web 页，其中可包含文字、图像、表格、动画和超链接等各种网页元素。

进入网站看到的第一个网页称为该网站的首页(home page)。首页是网站的门面，它的功能通常是负责网站导航及介绍最新消息，当浏览者进入首页，就可以马上看到最新的消息，并快速找到感兴趣的主题，然后通过超链接跳转到其他的网页，观看更详细的内容。

什么是静态网页和动态网页？很多人可能会把包含动画元素的页面理解为动态网页，相反，如果页面中没有动画元素，就是静态网页。很显然，这样的理解是不正确的。

静态网页与动态网页是相对应的，静态网页的统一资源定位符(uniform resource locator，URL)及文件后缀名都是以“.htm”“.html”“.shtml”“.xml”等常见形式出现的，而动态网页 URL 的后缀名则是以“.asp”“.jsp”“.php”“.perl”“.cgi”等形式出现的。

静态网页的内容是固定的，浏览网页内容时，服务器仅仅是将已有的静态 HTML 文档传送给浏览器供用户阅读。若网站维护者要更新网页的内容，就必须手动更新所有的 HTML 文档。因此，静态网页的致命弱点就是不易维护，为了不断更新网页内容，必须不断地重复修改 HTML 文档内容。随着网站内容和信息量的日益扩增，网页维护的工作量无疑是巨大的。

在 HTML 格式的网页上，也可以出现各种动态的效果，如图形交换格式(graphics interchange format，GIF)的动画、Animate 动画、滚动字母等，但这些动态效果只是视觉上的。

静态网页具有以下特点。

(1)静态网页的内容相对稳定，因此容易被搜索引擎检索。

(2)静态网页没有数据库的支持，在网站制作和维护方面的工作量较大，因此当网站的信息量很大时，完全依靠静态网页的制作方式比较困难。

(3)静态网页的交互性较差，在功能方面有较大的限制。

动态网页是指服务器根据用户的不同请求，动态生成不同的页面内容，而不是像静态网页那样提前写好固定的 HTML 文档。动态网页一般与数据库有关，可以根据数据库中的数据动态生成页面内容。常见的动态网页技术有 ASP、JSP、PHP 等。相比静态网页，动态网页的优点是可以根据用户的不同需求提供不同的服务，同时也方便维护和更新。

动态网页具有以下特点。

(1)动态网页以数据库技术为基础，可以大大降低网站维护的工作量。

(2)采用动态技术的网页可以实现更多功能，如用户注册、用户登录、在线调查、用户管理、订单管理等。

(3)动态网页实际上并不是独立存在于服务器上的网页文件，只有当用户请求时，服务器才返回一个完整的网页。

1.1.2　网页与网站

网站是指在因特网上，根据一定的规则，使用 HTML 等工具制作的用于展示特定内容的相关网页的集合。一个小型网站可能只包含几个网页，而一个大型网站则可能包含成千上万个网页，如新浪网就包括新闻、财经、科技、体育、娱乐等多个板块，其中每个板块又包括多个网页。

网页和网站有以下几点区别。

1. 独立性

网页是一个独立的页面，它可以是一个单独的 HTML 文件，也可以是网址的一部分。而网站则是一个整体，通常由多个相关联的网页组成，并且这些网页之间可以相互链接。

2. 内容

网页是指网站中的一个页面，它是由 HTML、层叠样式表(cascading style sheets, CSS)、JavaScript 等语言编写而成，用于展示网站的内容和功能。网页的内容通常比较简单，它可以是一篇文章、一张图片、一个音频文件或视频文件等。而网站则通常包含更多的信息和内容，比如介绍企业信息、产品信息、服务信息等。

3. 功能

网页的功能可以是简单的也可以是复杂的，网页不仅可以展示信息、播放视频或音频，还可以包含复杂的交互功能，如在线购物、用户认证、动态内容生成等。而网站是由多个这样的网页组成的一个集合体，不仅涵盖了多样的媒体资源，如图片、视频、音频，还深度融合了后台数据库管理、服务器支持等高级技术架构，共同构成了一个全面且动态的互联网应用生态系统。

1.1.3 网页的基本构成元素

网页包含了许多元素，内容丰富，引人入胜，其基本构成元素包括文本、图像、多媒体(multimedia)、超链接等。

1. 文本

文本是网页最基本的构成要素。由于文字所表达的内容比较清楚、直接，而且占用网页版面较小、所表达的信息量较大，所以网页大多采用文字来表达内容或实现链接。网页的设计和制作者可以通过设置字体、字号、颜色、底纹等属性来改变文本的视觉效果。

2. 图像

在数字时代的浪潮中，图像成为网页设计不可或缺的灵魂，它不仅能够显著提升视觉体验，还能深刻影响用户的情感共鸣与信息吸收。精心挑选的图片能够瞬间抓住访客的注意力，通过色彩、构图与内容的完美融合，引导他们深入探索页面的每一个角落。高质量的图片不仅能直观展示产品特性或服务亮点，还能跨越语言障碍，传递复杂概念，使得信息传达更加高效且富有感染力。同时，经过优化的图片(如采用适当的格式、压缩技术)确保了快速加载，减少了用户等待时间，进一步提升了整体浏览体验。

在网页中可以使用 GIF、JPEG、BMP、TIFF 和 PNG 等格式的图像文件，对颜色具有平滑渐变的图像使用 JPG 格式，如大多数照片；对于以单一颜色为主的图像，使用 GIF 格式。

3. 多媒体

多媒体是指各种各样的信息载体在计算机中的应用，是一种声音、图像、动画和视频影像成分的交互组合。

网页中的多媒体主要指采用音频和视频功能的软、硬件技术，包括数字音响、全动态图像、超媒体链接等，即网页上提供的音频和视频下载及播放功能。

4. 超链接

超链接是指从一个网页指向一个目标的链接关系，这个目标可以是另一个网页，也可以是相同网页上的不同位置，还可以是一张图片，一个电子邮件地址，一个文件，甚至是一个应用程序。

按照链接路径的不同，网页中超链接一般分为以下 3 种类型：内部链接、锚点链接和外部链接；如果按照使用对象的不同，网页中的链接又可以分为文本超链接、图像超链接、E-mail 链接、锚点链接、多媒体文件链接、空链接等。

1.1.4　网页的设计基础

1. 网页设计的基本原则

建立网站的目的是给浏览者提供所需要的信息，这样浏览者才会愿意光顾，网站才有真正的意义。以下是网页设计的基本原则。

(1) 主题明确

一个优秀的网站要有明确的主题，整个网站设计要围绕这个主题进行，在网页设计之前就要明确网站的目的，所有的页面都是围绕着这个目的来制作的。

(2) 注重首页的设计

首页设计得好坏是整个网站成功与否的关键，关系到网站给人的第一感觉。能否吸引访问者，关键在于首页的设计效果。

(3) 分类合理

网站内容的分类也是十分重要的，可以按主题、性质和组织结构进行分类，或者按人们的思考方式进行分类等。不论是哪一种分类方法，目的都是让访问者很容易找到目标。

(4) 互动性良好

互联网的特色之一就是互动性，好的网站首页必须与访问者具有良好的互动关系。整体设计的呈现、使用界面引导等，都应该掌握互动的原则，让访问者感觉他的每一步都得到了恰当的回应。

(5) 图像应用技巧

图像是网站的特色之一，具备醒目、吸引人的特点以及传达信息的功能。好的图像应用可以给网页增色，不恰当的图像应用则会适得其反。运用图像时一定要注意图像下载的时间问题。在图像的格式上，尽可能采用一般浏览器均支持的压缩格式，如果需要放置大型图像文件，最好将图像文件与网页分隔开，这样可以加快网页传输速度。

(6) 避免滥用技术

许多网页设计者喜欢使用各种各样的网页制作、设计技术。恰当地使用技术会让页面栩栩如生，给访问者一种全新的感觉。反之，不恰当地使用技术则会让访问者对网页失去兴趣。

(7) 及时更新和维护

访问者都希望看到新鲜的东西，没有人会对过时的信息感兴趣，因此网站的信息一定要注意及时性，时刻保持新鲜感。

2. 网页设计的色彩搭配

(1) 色彩原理

网页的色彩是树立网站形象的关键要素之一，要使用好颜色就要从色彩原理说起。

① 颜色是因为光的折射而产生的。

② 由于网页是基于计算机浏览器开发的媒体，所以颜色以光学颜色 RGB(红、绿、蓝)为主。颜色的代码可以表示如下：红色为#FF0000，绿色为#00FF00，蓝色为#0000FF，白色为#FFFFFF。经常看到的"bgColor=#FFFFFF"就是指背景色为白色。

③ 颜色分非彩色和彩色两类。非彩色是指黑、白、灰等系统色，彩色是指除非彩色以外的所有色彩。

④ 任何色彩都有饱和度和透明度属性，属性的变化会产生不同的色相，所以至少可以制作几百万种色彩。

(2) 网页色彩搭配的技巧

下面介绍几点色彩搭配的技巧。

① 用一种色彩。用一种色彩是指先选定一种色彩，然后调整透明度或者饱和度(说得通俗些，就是将色彩变淡或加深)，产生新的色彩，用于网页。这样的页面看起来色彩统一，有层次感。

② 用两种色彩。先选定一种色彩，然后选择它的对比色，可以使整个页面色彩丰富但不花哨。

③ 用一个色系。简单地说就是用一个色系的颜色，例如淡蓝、淡黄、淡绿或者土黄、土灰、土蓝。确定色彩的方法因人而异。

④ 用黑色和另外一种彩色。例如，大红的字体配黑色的边框很有视觉冲击效果。

提示

在网页配色中还要切记避开一些误区，例如不要用太多颜色，尽量控制在 3 ~ 4 种以内；背景色和文字的对比要尽量大(切忌使用花纹繁杂的图案做背景)，以便突出主要文字内容。

3. 网页设计的要点

一个网站制作得成功与否，可以从以下几点来进行检验。

(1) 整体布局

网页设计作为一种视觉语言，特别讲究编排和布局。一般来说，好的网站应该干净整洁、条理清楚、布局清晰，过多的色彩、动画特效等只会让浏览者无所适从，甚至反感。

(2) 信息价值

无论是商业站点还是个人主页，必须提供有一定价值的内容才能吸引浏览者。这些内容可以是资讯、娱乐，或者提供相关的联系方式、链接到相关的网页等。

(3) 下载速度

页面下载速度是网站吸引浏览者的关键因素，如果一个页面在 20 ~ 30 s 内还不能打开，一般人就会选择关闭，所以在制作网站主页的时候应确保主页的打开速度要尽可能快。而图像是影响下载速度的重要因素，图像大小应该控制在 6 ~ 8 KB，每增加 2 KB 会延长 1 s 的下载时间。

(4) 文字的可读性

能够提高文字可读性的因素主要是字体：通用字体(宋体、微软雅黑、Arial、Times New Roman 和 Courier)最易阅读；特殊字体用于标题效果比较好，不适用于正文。

(5) 导航清晰

导航设计建议使用超文本链接或者图片链接，使浏览者能够在网站内自由前进或者返回，而不需要使用浏览器上的前进或后退按钮。

由于人们在浏览网页的时候，习惯从左到右、从上到下阅读，所以主要的导航条应放置在页面左边。对于较长的页面来说，在最底部设置一个简单导航是很有必要的。

在制作网站的时候一定要细心，不要因为对某些步骤的疏忽而影响网站的整体效果。

任务评价

评价内容	评价标准	分值	学生自评	老师评估
认识网页	能够准确阐述网页的定义	10		
	能够区分静态网页和动态网页	15		
网页与网站	能够区分网页与网站	15		
网页的基本构成元素	了解网页的基本构成元素	10		
网页的设计基础	了解网页设计的基本原则	15		
	了解网页设计的色彩搭配	15		
	了解网页设计的要点	20		
总分		100		

任务 2　搭建开发环境

任务描述

开发环境不仅为网站的构建提供了必要的工具和技术支持，还通过严格的测试流程确保了网站的质量。同时，开发环境还是网站维护和迭代的重要基础。因此，对于任何希望建立和维护高质量网站的团队来说，一个稳定、高效且功能齐全的开发环境都是不可或缺的。

任务分析

在进行网站的创建之前，读者需要先进行 Web 开发环境的搭建，比如先按照开发工具、创建站点、整理素材等。

任务重点与实施

1.2.1　HTML5 概述

超文本标记语言(HTML)是 Internet 上用于编写网页的主要语言。

HTML 是纯文本类型的语言，使用 HTML 编写的网页文件也是标准的纯文本文件。HTML 可以用任何文本编辑器(例如，Windows 的“记事本”程序)打开，查看其中的 HTML 源代码，也可以在使用浏览器打开网页时，执行“查看源文件”命令查看网页中的 HTML 代码。查看网页内容必须使用网页浏览器，浏览器的主要作用就是解释超文本文件中的语言，将单调乏味的文字显示为丰富多彩的内容。

HTML 语法非常简单，它采用简洁明了的语法命令，通过对各种标记、元素、属性、对象等的设置，建立与图形、声音、视频等多媒体信息以及其他超文本的链接。与其他语言(如 C++)编译产生执行文件的机制不同，利用 HTML 编写的网页是解释型的，也就是说网页的效果是在用浏览器打开网页时动态生成的，而不是事先存储于网页中的。用浏览器打开网页时，浏览器读取网页中的 HTML 代码，分析其语法结构，然后根据解释的结果显示网页内容。正因为如此，网页显示的速度与网页代码的质量有很大的关系，保持精简和高效的 HTML 源代码是非常重要的。

HTML5 是 HTML 最新的修订版本，HTML5 包含了新的元素、属性和行为，同时包含了一系列可以让 Web 站点和应用更加多样化、功能更强大的技术。

(1)用于绘画的 canvas 标签。

(2)用于媒介回放的 video 和 audio 标签。

(3)对本地离线存储提供更好的支持。

(4)新的特殊内容标签，如 article、footer、header、nav、section。

(5)新的表单控件，如 date、time、email、url、search。

1.2.2　常用开发工具及安装

工欲善其事，必先利其器。一款优秀的开发工具能够极大提高程序开发效率与体验。在 Web 前端开发中，常用的开发工具有 WebStorm、HBuilder、Sublime Text 等。

(1)WebStorm。WebStorm 是一款由 JetBrains 公司开发的集成开发环境(integrated development environment，IDE)，主要用于前端开发。它支持 JavaScript、TypeScript、HTML、CSS、Sass、Less、React、Vue 等多种前端技术，并且提供了丰富的代码编辑、调试、测试、版本控制等功能。

(2)HBuilder。HBuilder 是一款基于 Eclipse 的 HTML5 开发工具，它支持多种前端框架和语言，如 Vue. js、React、TypeScript 等。HBuilder 提供了丰富的代码提示和自动补全功能，可以帮助开发者快速编写代码。同时，它还集成了调试工具和模拟器，可以方便地进行调试和测试。此外，HBuilder 还支持一键打包成 App 的功能，可以让开发者快速将 Web 应用转化为移动应用。

(3)Sublime Text。Sublime Text 是一个轻量级的代码编辑器，具有友好的用户界面，支持拼写检查、书签、自定义按键绑定等功能，还可以通过灵活的插件机制扩展编辑器的功能，其插件可以利用 Python 语言开发。Sublime Text 是一个跨平台的编辑器，支持 Windows、Linux、macOS 等操作系统。

本书将以 HBuliderX 软件为平台介绍 Web 前端开发，下面将介绍 HBuliderX 软件的下载和安装。

(1)进入官网下载界面：https://www.dcloud.io/hbuilderx.html，如图 1-1 所示。

图 1-1　HBuliderX 下载界面

（2）单击 more 选项，打开如图 1-2 所示的“more（更多）”下拉列表，根据需要选择，这里选择 Windows 的正式版开始下载软件。

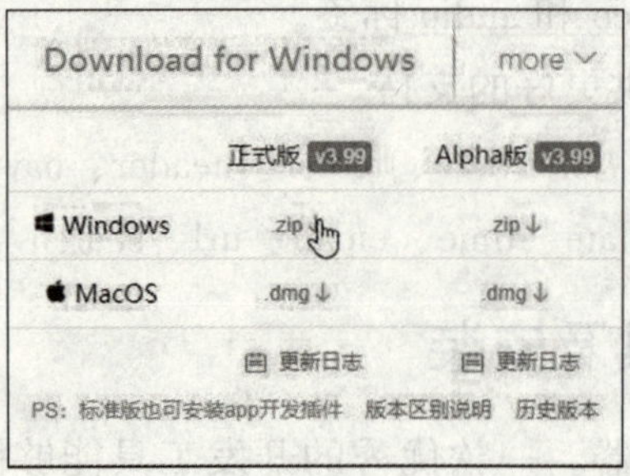

图 1-2 “more 更多”列表

（3）下载完成后，将其解压。因为 HBuliderX 是一款绿色软件，直接双击 HBuliderX. exe 程序，即可打开 HBuliderX，如图 1-3 所示选择“绿柔（护眼主题）”，单击“开始体验”按钮，就可以使用 HBuliderX 软件了。

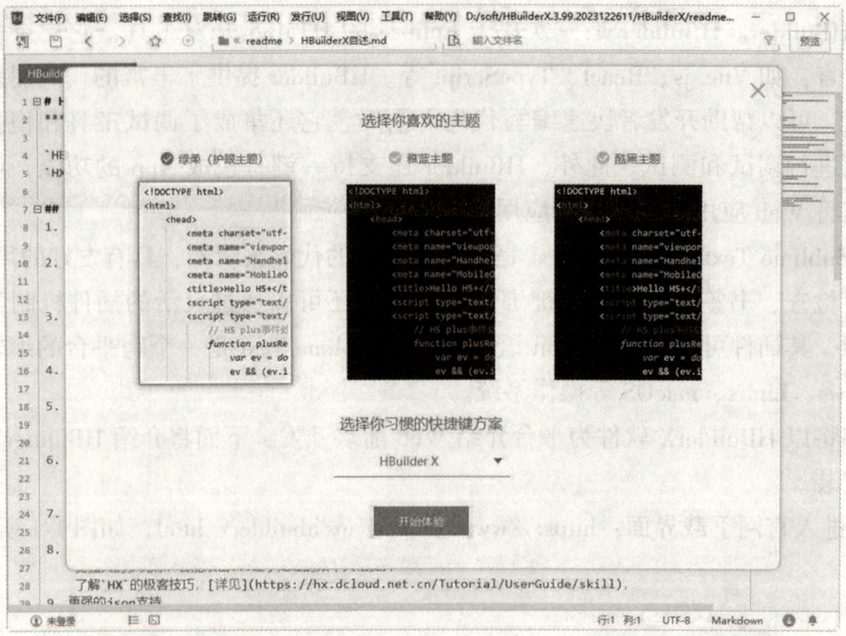

图 1-3 选择主题

1.2.3 网站建设流程

在建站之前应该有一个整体的规划和目标。规划好网页的大概结构后，就可以着手设计页面了。因此，前期策划对网站的运作至关重要。规划一个网站时，可以使用网站制作流程图，先把每个页面的内容大致列出来，如图 1-4 所示。

1. 分析客户需求

制作网站必须有明确的目标，也就是要明白为什么制作这个网站，要表现的主题是什么。只有与客户沟通好以上问题才能开始下一步工作。

2. 规划站点

目前大多采用自上而下的树形目录结构进行网站规划。以寻找家乡的记忆网站为例，在该网站中要介绍与家乡有关的各项内容，因此设计第一级目录结构包括家乡简介、美食、风景、人物等模块，每一个一级目录下均可有二级目录、三级目录……例如，风景模块下面可细分为自然景观、文化遗产等三级目录，而自然景观又可按景区划分为四级目录，以此类推，如图 1-5 所示。

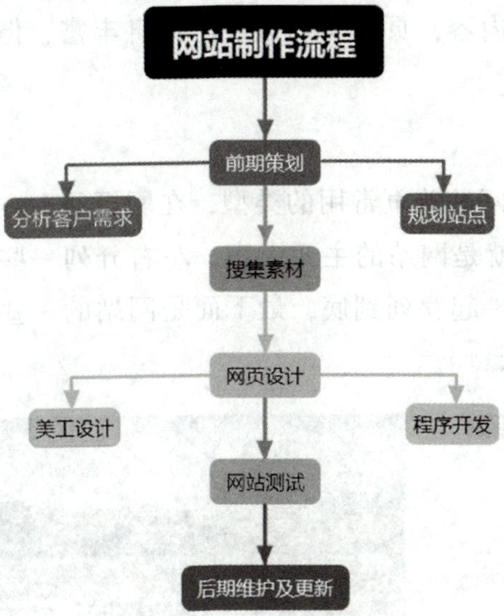

图 1-4　网站制作流程图

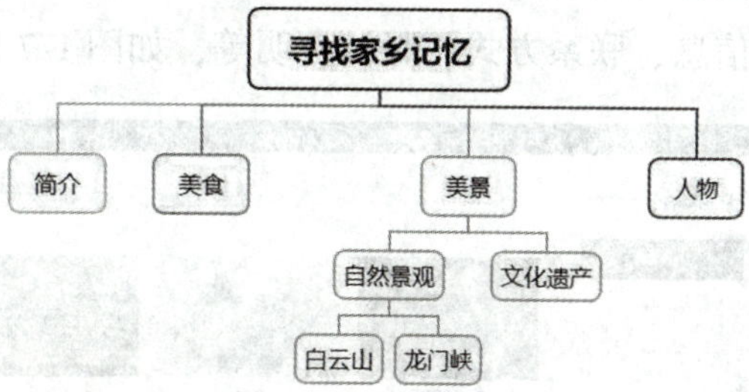

图 1-5　网站规划图

规划的站点，其每个最低级模块均对应一个网页，而每个网页均包含有相应的文字、图片、动画、图标、按钮、链接等元素，因此对应网站的规划，也要规划文件的存放方式。目前大多采用的方式是每个一级模块对应一个文件夹，每个文件夹下均设置相应的图片、动画等文件夹，用于保存该页面所使用的图片和动画等。而对于整个网站每个网页都共同使用的部分，也建立一个文件夹，用于分门别类存放共用的部分。

3. 搜集素材

明确了网站的主题之后，就要围绕主题收集素材。如果想要网站能够吸引更多的浏览者，就要搜集精美的素材，包括图片、文字、音频、视频、动画等。

4. 页面设计

网站上的内容并不是大量信息的简单堆积，而是必须通过一定的形式来体现，设计师需要根据客户需求和品牌形象创建页面布局、颜色方案、图像元素和交互元素等内容。

常见的网页布局形式大致有“厂”字型、“口”字型、“同”字型、“海报”型、“三”字型和“框架”型布局。

(1)“厂”字型

“厂”字型布局最上方是标题和广告条，页面下方左边是菜单，右边显示页面内容，整体上类似汉字“厂”，如图 1-6 所示。这是网页设计中广泛使用的一种布局方式，一般应用于企业网站中的二级页面。这种布局条理清晰、主次分明，非常适合初学者，但略微有点呆板，如果色彩搭配不当，很容易让人厌烦。

(2)“口”字型

“口”字型布局类似一个方框，上方是标题或广告条，下方是版权信息，左边是菜单，右边是友情链接，中间是网页效果与主要内容，页面布局紧凑、信息丰富，但四面封闭，给人一种压抑的感觉。

(3)“同”字型

“同”字型也称为“国”字型，这是一些大型网站首页常用的类型，在网页最上方是网站的标题以及横幅(banner)广告条，接下来就是网站的主要内容，左右分列一些二级栏目或热点内容，中间是主要部分，与左右一起罗列到底，最下面是网站的一些基本信息、联系方式、版权声明等，如图 1-7 所示。

图 1-6 “厂”字型网页

图 1-7 “同”字型网页

(4)“海报”型

“海报”型布局就像平时见到的海报一样，中间是一幅醒目、设计非常精美的图片，周围点缀着一些图片和文字链接，如图 1-8 所示。这种设计常用于一些时尚类网站和公司网站的首页，非常吸引人。但大量地运用图片会导致网页下载速度很慢，而且提供的信息量较少。

(5)“三”字型

“三”字型上面是标题或广告条一类的内容，下面是正文，一些文章页面或注册页面通常采用这种页面布局方式。这种布局一般采用简单的图片和线条代替拥挤的文字，给阅览者以强烈的视觉冲击，如图 1-9 所示。

图 1-8　海报型布局

图 1-9　“三”字型网页

(6)“框架”型

“框架”型是左右两栏的结构，一般左边是导航链接，右边是正文，大部分论坛都采用这种结构，有一些企业网站也喜欢采用，如图 1-10 所示。这种类型结构非常清晰，一目了然。

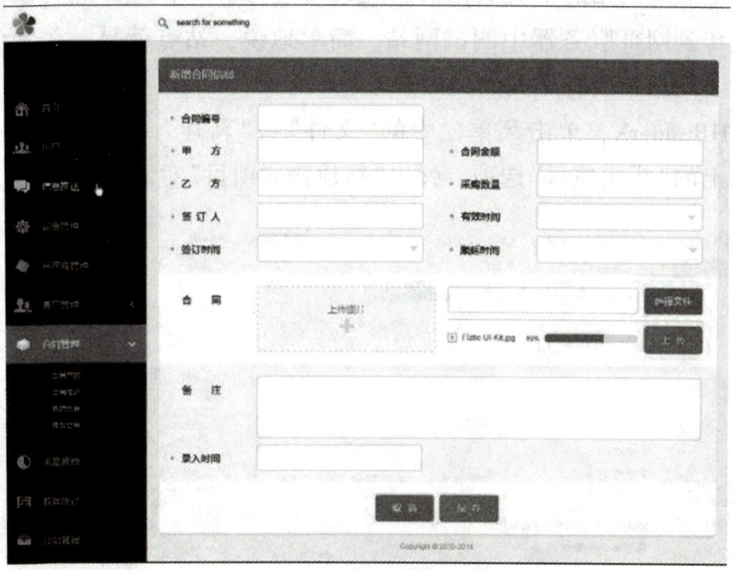

图 1-10　“框架”型网页

网页布局设计要按照网站的实际情况，根据网站受众的喜好来设计。这样才能使网站受到更多人的欢迎。设计版面布局之前可以先画出版面的布局草图，接着对版面布局进行细化和调整，确定最终的布局方案。

5. 程序开发

程序开发分为前端页面开发和后台程序开发。前端开发完成之后，就到了后台程序制作的阶段了。这个时候程序员根据设计师及前端工程师制作好的页面编写后台程序。

6. 测试网站

制作完所有页面后，还需要对设计的网页进行审查和测试。这一阶段主要进行网页的功能性测试、完整性测试和安全性测试，以确保所有链接均正常工作，并确保网站在所有设备和浏览器上正确加载。

7. 后期维护及更新

完成上面的几个步骤后，就可以将网站发布到 Internet 中，供网友访问。要记住的重要一点是，网站更多的是服务而不是产品，仅向用户“交付”网站是不够的，还需要维护和更新。

网站建立后，在日常使用中可能还会发现一些问题，这个时候就需要网络人员对网站进行日常维护。网页内容也需要定期更新，站点信息不断更新，可以让浏览者保持对网站的新鲜感，提高网站的访问量。

1.2.4 站点的创建和素材的整理

可以通过站点对网站的相关页面及各类素材进行统一管理，还可以借助站点管理实现将文件上传到网页服务器中测试网站。简单地说，站点就是一个文件夹，在这个文件夹里包含了网站中所有用到的文件。

（1）启动 HBuilderX，单击菜单栏中的“文件”→“新建”→“项目”命令（图 1-11），或单击主页面上的“新建项目”选项，弹出“新建普通项目”对话框如图 1-12 所示。

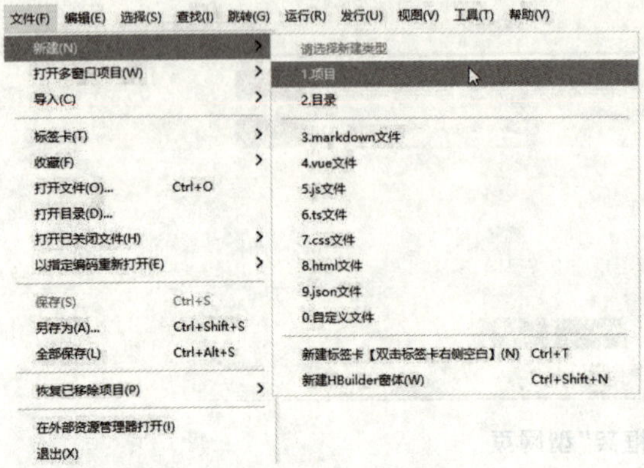

图 1-11 菜单命令

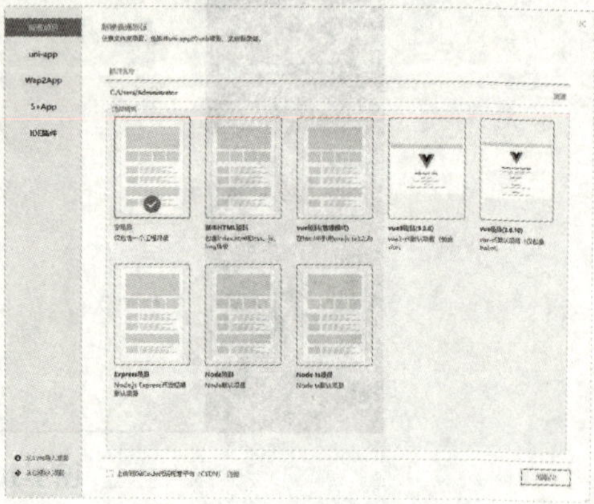

图 1-12 “新建普通项目”对话框

（2）输入项目名称为“Memories of home”，单击“浏览”选项，打开“选择文件夹”对话框，选择在计算机中保存网站的物理路径。为方便起见，本案例选择保存在桌面上。选择桌面，然后单击“选择文件夹”按钮，返回到“新建普通项目”对话框，如图 1-13 所示。

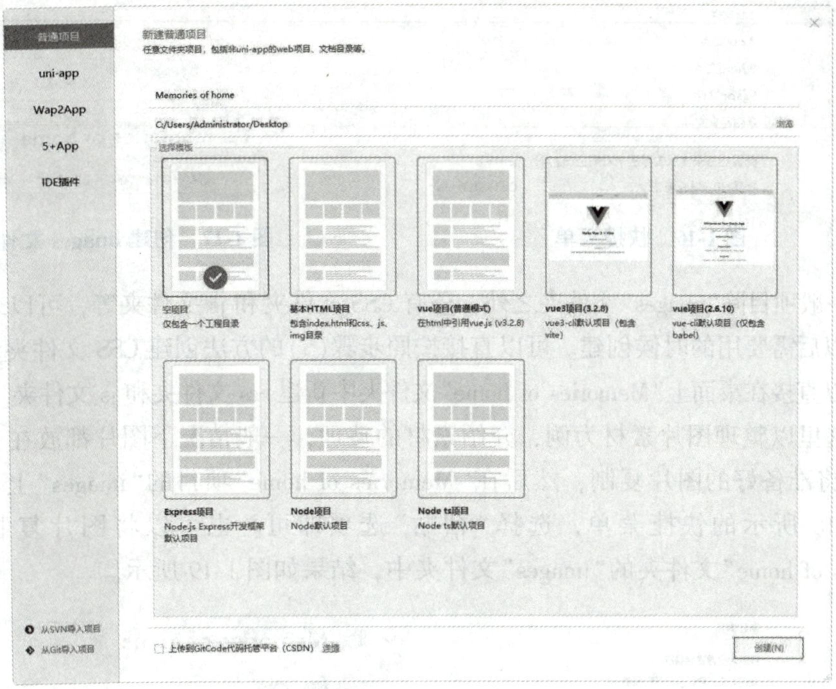

图 1-13 设置项目

（3）系统默认选取“空项目”，单击“创建”按钮，系统弹出如图 1-14 所示的提示对话框，提示项目“Memories of home”创建成功，单击“确定”按钮，创建项目如图 1-15 所示。

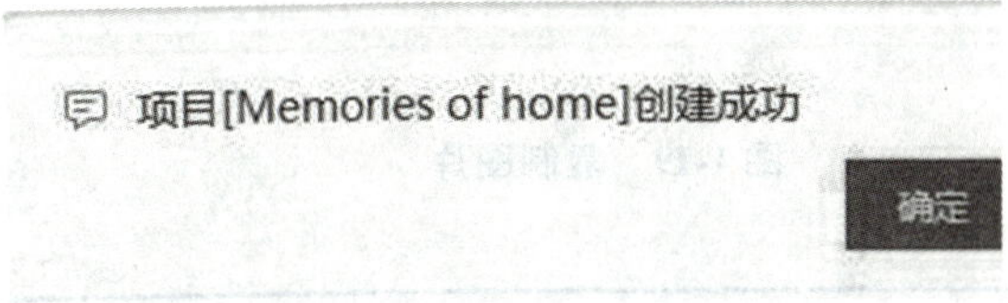

图 1-14 提示对话框

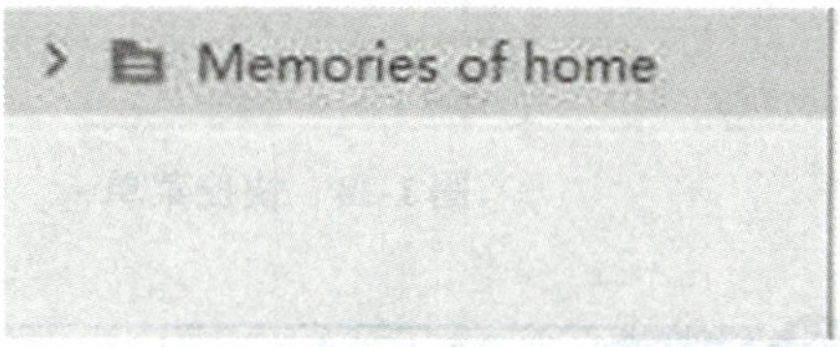

图 1-15 创建项目

（4）此时，站点并没有建立完成。一般站点除创建项目之外，还需要创建目录。单击菜单栏中的“文件”→“新建”→“目录”命令，或在“项目属性管理器”中右击，弹出如图 1-16 所示的快捷菜单，选择“新建”→“目录”选项，新建一个文件夹，输入文件夹名称为“images”，如图 1-17 所示。

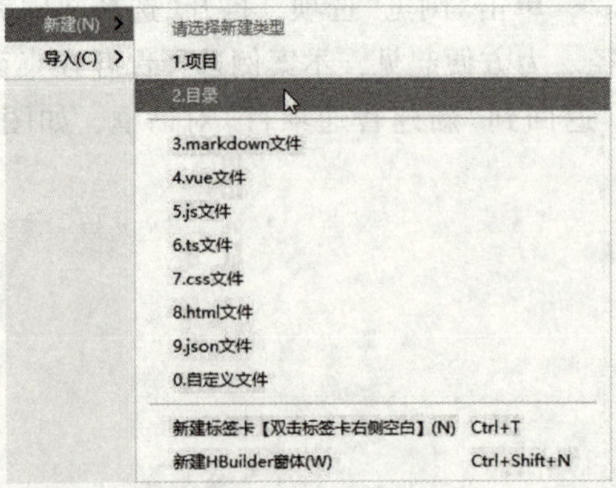

图 1-16　快捷菜单

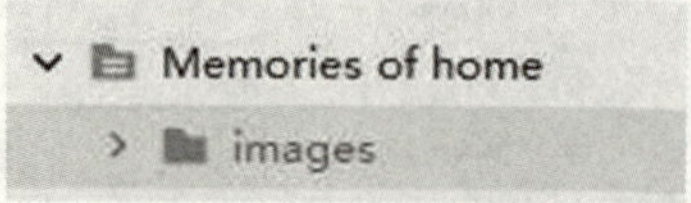

图 1-17　创建 images 文件夹

(5)一般项目除“images”文件夹之外，还有 CSS 文件夹和 js 文件夹等，可以现在创建，也可以在以后需要用的时候创建。可以直接按照步骤(5)的方法创建 CSS 文件夹和 js 文件夹，也可以直接在桌面上“Memories of home”文件夹中新建 css 文件夹和 js 文件夹。

(6)这里以整理图片素材为例，介绍素材的整理，一般情况下图片都放在 images 文件夹中。将准备好的图片复制，然后在“Memories of home”项目的“images”上右击，弹出如图 1-18 所示的快捷菜单，选择“粘贴”选项即可。也可以将图片复制到桌面“Memories of home”文件夹的“images”文件夹中，结果如图 1-19 所示。

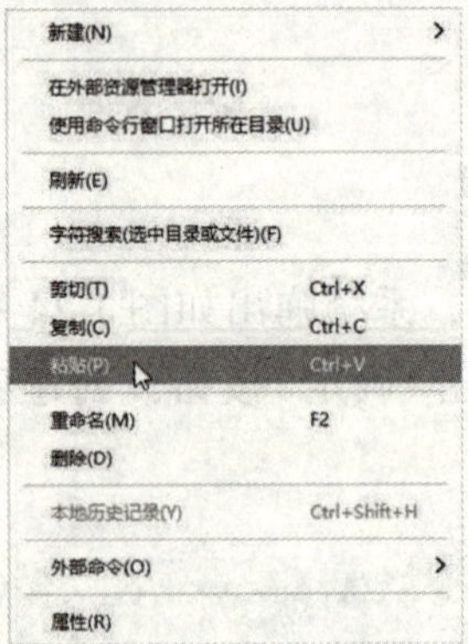

图 1-18　快捷菜单

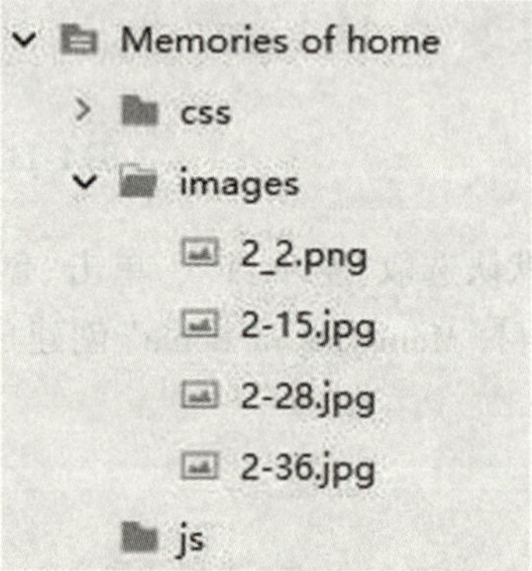

图 1-19　复制图片

案例　创建与保存“寻找家乡的记忆”网页

(1)单击菜单栏中“文件”→“新建”→“html 文件”命令，或单击工具栏中的“新建”按钮，在打开的下拉列表中选择“html 文件”选项，弹出如图 1-20 所示的“新建 html 文件”对话框。

(2)输入 html 文件的名称，如 index. html。

(3)单击“浏览”选项，打开“选择文件夹”对话框，选择“Memories

创建与保存“寻找家乡的记忆”网页

of home”文件夹，单击“选择文件夹”按钮，返回“新建 html 文件”对话框。

(4) 在“选择模板”列表框中选择需要的模板，其中“default”模板中带有首页中常用的常规标签，“空白文件”模板中什么都没有，需要用户自行输入标签；为了方便使用，这里选择“default”模板，如图 1-21 所示。

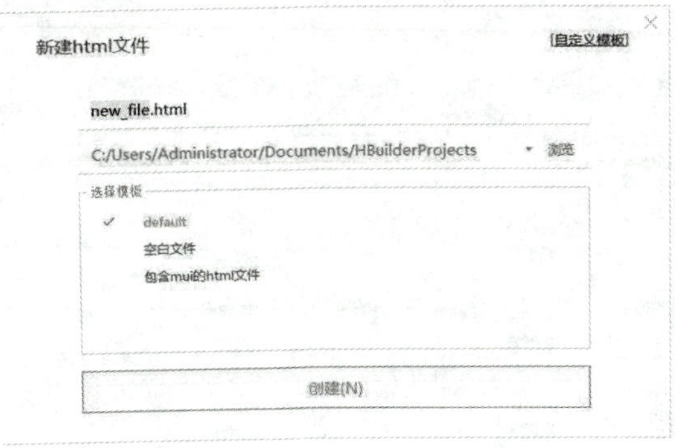

图 1-20　“新建 html 文件”对话框

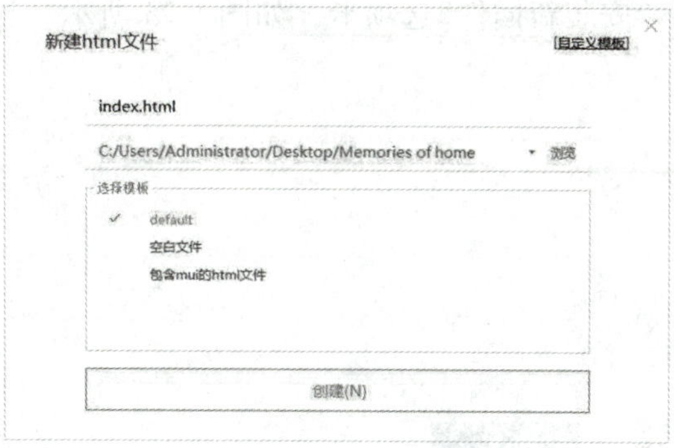

图 1-21　新建 HTML 设置

(5) 单击“创建”按钮，创建“Memories of home”的首页网页，如图 1-22 所示。

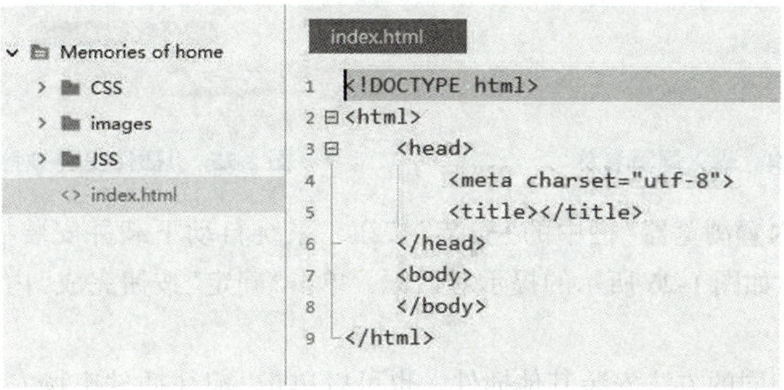

图 1-22　创建的首页网页

(6) 单击菜单栏中的“文件”→“另存为”命令，打开如图 1-23 所示的“另存为”对话框，指定保存位置和保存类型，输入文件名称，单击“保存”按钮保存文件。

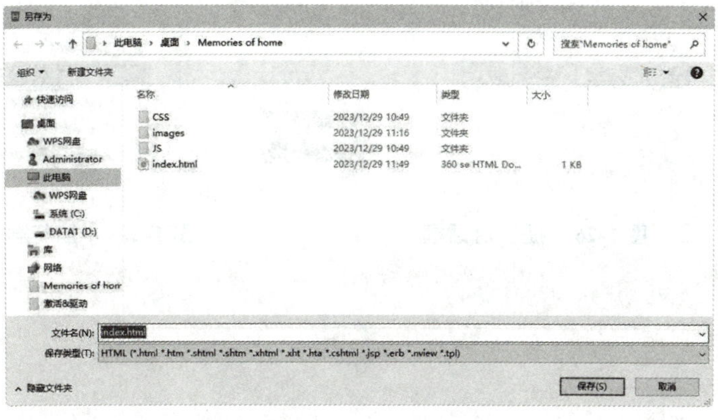

图 1-23　“另存为”对话框

(7) 在如图 1-22 所示的首页网页“<title>”之间输入网页名称为“寻找家乡的记忆”，如图 1-24 所示，单击工具栏中的“保存”按钮 保存文档。

HBuliderX 本身并不具备运行浏览器的功能，需要安装插件来实现。

(8) 单击菜单栏中的“工具”→“插件安装”命令，打开“插件安装”对话框，切换至“安装新插件”选项卡，如图 1-25 所示。

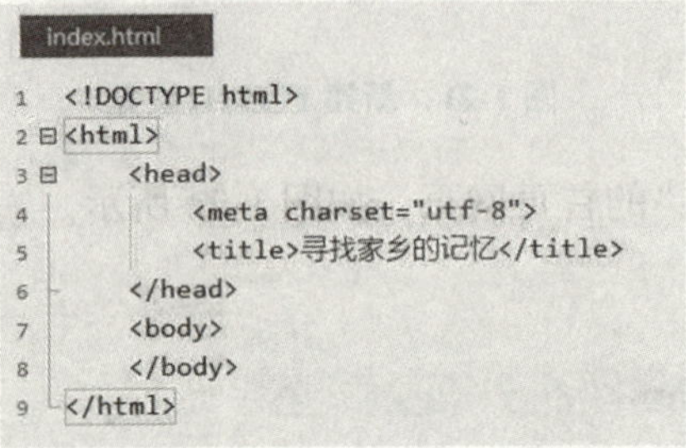

图 1-24　输入网页名称

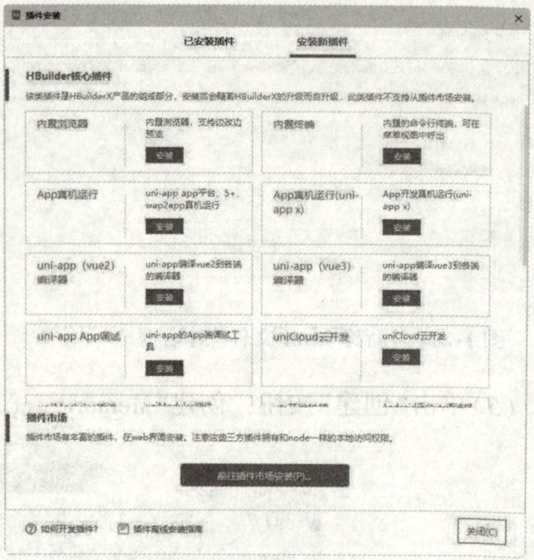

图 1-25　“插件安装”对话框

(9) 单击“内置浏览器”栏中的“安装”按钮，系统自动下载并安装插件，安装完成后，系统会弹出如图 1-26 所示的提示对话框，单击“确定”按钮完成“内置浏览器”插件的安装。

(10) 采用相同的方法安装其他插件。也可以单击“前往插件市场安装”按钮进入插件市场，下载安装第三方插件。

(11) 单击菜单栏中“运行”→“运行到浏览器”命令，打开如图 1-27 所示的级联菜单，根据电脑安装的浏览器选择浏览器，这里选择 Edge 浏览器，运行结果如图 1-28 所示。

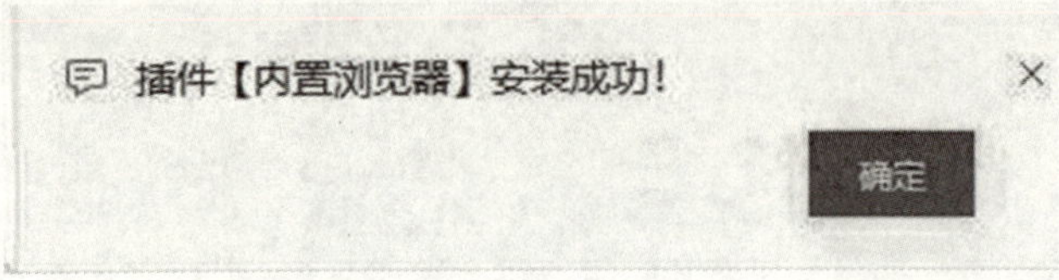

图 1-26　提示对话框

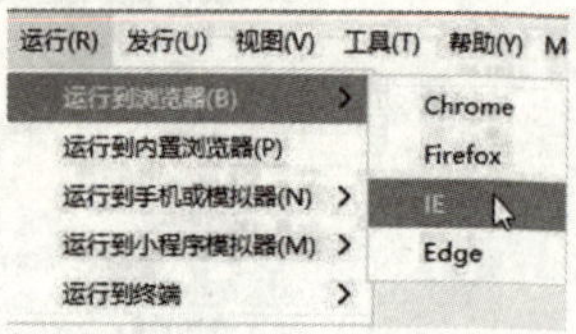

图 1-27　“运行到浏览器”级联菜单

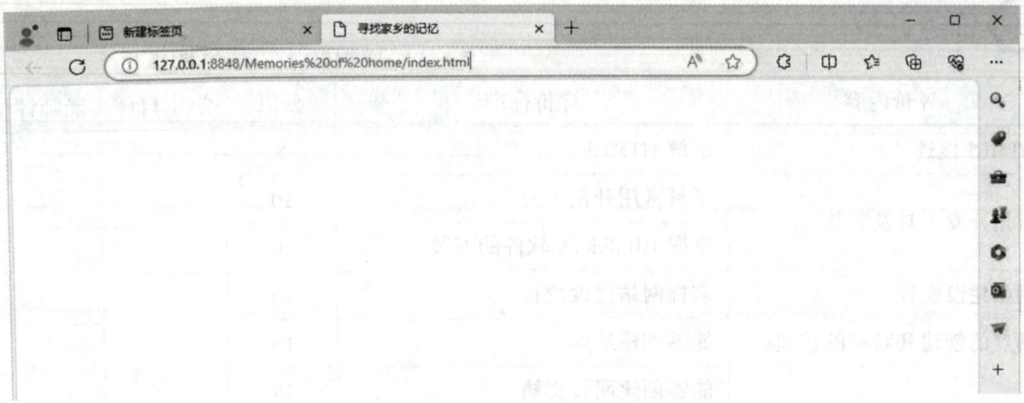

图 1-28　“寻找家乡的记忆”网页

（12）单击菜单栏中“运行”→“运行到内置浏览器”命令，或单击工具栏中的“浏览器运行”按钮，打开“Web 浏览器”，显示运行结果，如图 1-29 所示。

（13）在如图 1-22 所示的首页网页“<body>”之间输入网页内容为“家乡是梦想开始的地方”，如图 1-30 所示，单击工具栏中的“保存”按钮，保存文档。

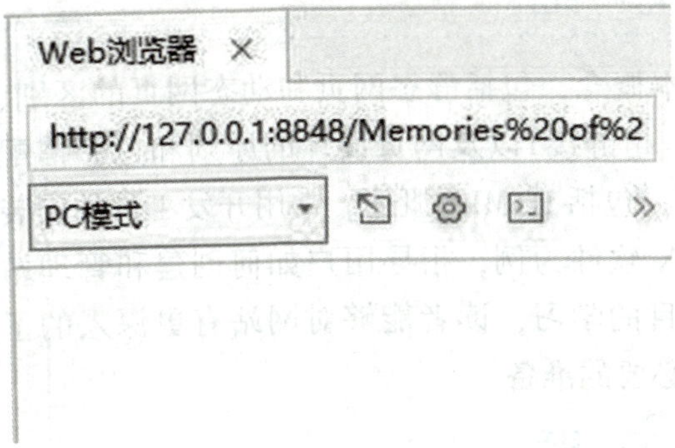

图 1-29　Web 浏览器

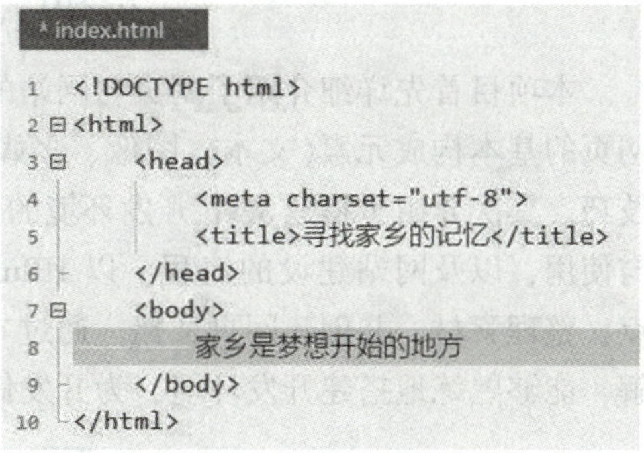

图 1-30　输入内容

此时内置 Web 浏览器和 Edge 浏览器中显示输入的内容，如图 1-31 所示。

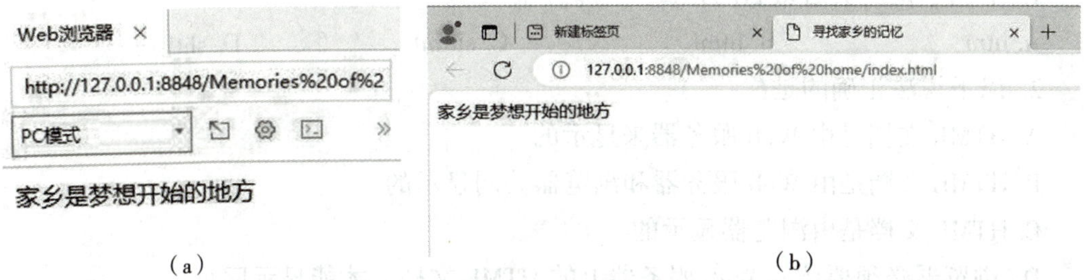

（a）　　（b）

图 1-31　运行结果

任务评价

评价内容	评价标准	分值	学生自评	老师评估
HTML5 概述	了解 HTML5	5		
常用开发工具及安装	了解常用开发工具	10		
	掌握 HBuliderX 软件的安装	10		
网站建设流程	掌握网站建设流程	10		
站点的创建和素材的整理	能够创建站点	15		
创建与保存“寻找家乡的记忆”网页	能够创建网页文档	15		
	能够保存网页文档	15		
	能够下载插件	10		
	能够运行网站	10		
	总分	100		

项目小结

本项目首先详细介绍了网页与网站的基本概念，包括静态网页和动态网页的区别、网页的基本构成元素(文本、图像、多媒体、超链接)以及网页设计的原则和色彩搭配技巧。其次介绍了搭建 Web 开发环境的步骤，包括 HTML5 概述、常用开发工具的安装与使用，以及网站建设的流程。以 HBuilderX 软件为例，指导用户如何创建和管理站点，整理素材，并创建网页文档。通过本项目的学习，读者能够对网站有更深入的了解，能够熟练地搭建开发环境，为开发做好必要的准备。

项目习题

一、选择题

1. 下列不是网页后缀名的是(　　)。

A. htm　　B. html　　C. shtml　　D. shtl

2. 以下说法正确的是(　　)。

A. HTML 文档是由 Web 服务器来显示的

B. HTML 文档是由 Web 服务器和浏览器共同显示的

C. HTML 文档是由浏览器显示的

D. 浏览器必须要访问 Web 服务器上的 HTML 文档，才能显示网页

3. 站点的目录是(　　)。

A. 文本文件　　B. HTML 文件　　C. 文件夹　　D. EXE 文件

4. 建立站点目录需考虑的因素有(　　)。

A. 按栏目内容建立子目录　　B. 目录的层次不要太深

C. 不要使用过长的目录名　　D. 必须使用中文目录

5. 下列软件中不属于前端开发工具的是(　　)。

A. WebStorm　　B. Dreamweaver

C. JavaScript　　D. HBuilder

二、问答题

1. 网页由哪些基本元素构成?

2. 简述网站的建设流程。

3. 前端开发工具有哪些?

三、操作题

1. 安装常用的开发工具

提示:

(1)下载 HBuliderX 软件并安装。

(2)安装插件。

2. 创建 myhome 站点

提示:

(1)在 D 盘上建立名为 myhome 的站点。

(2)在目录中创建存放图片的文件夹 images、存放 CSS 的文件夹 CSS、存放 JS 的文件夹 js 和首页 index. html。

项目 2　HTML5 语言应用

项目导读

随着互联网技术的飞速发展，HTML5 已经成为构建现代网页和应用的核心语言。它不仅增强了网页的交互性，还支持丰富的多媒体内容，使得网页能够更加生动地展示信息。HTML5 的广泛应用，从简单的文本和图像到复杂的动画和视频，都在推动着网络内容的创新和变革。本项目主要介绍 HTML5 语言应用的相关知识。

学习目标

◆ 知识目标

- 了解 HTML5 的文档格式。
- 掌握基本标签、序列标签、图像标签、超链接标签和表格标签。
- 掌握语义化标签、分组标签、页面交互标签和全局属性。

◆ 技能目标

- 能够制作校史馆参观网页。
- 会制作家乡美食及制作流程网页。
- 会制作影视剧网页。

◆ 素质目标

- 通过学习 HTML5 语言基础，学生能够理解互联网语言的重要性。
- 通过学习图像及表格的应用，提升学生的审美观念和设计能力。
- 通过了解 HTML5 新增的标签和属性，激发学生学习新技术、掌握新技能的能力。

思政目标

- 培养学生在信息时代中正确使用和传播信息的责任感。
- 培养学生适应技术发展和变化的能力。

任务 1　HTML5 语言基础

任务描述

HTML5 不仅提供了丰富的标签和 API 来构建复杂的网页结构和功能，还通过其跨平台兼容性和对新技术的支持，极大地推动了 Web 技术的发展。对于网页开发者来说，掌握 HTML5 是实现现代 Web 应用的基础。

任务分析

首先要对 HTML5 的文档格式有所了解；其次掌握基本标签和序列标签；最后会通过本任务的学习，读者制作校史馆参观须知网页。

任务重点与实施

2.1.1　HTML5 文档格式

HTML5 文件包括标题、段落、列表、表格、图像以及各种嵌入对象，其基本文档格式如图 2-1 所示。

1. <! DOCTYPE html>

<! DOCTYPE html>标签位于文档的最前面，用于向浏览器说明当前文档使用哪种 HTML 标准规范。<! DOCTYPE html>是 HTML5 的文档声明。只有在开头使用<! DOCTYPE>声明，浏览器才能将该网页作为有效的 HTML 文档，并按指定的文档类型进行解析。使用 HTML5 的 DOCTYPE 声明，会触发浏览器以标准兼容模式来显示页面。

2. <html></html>标签

<html>标签位于<! DOCTYPE>标签之后，也被称为根标签，用于告知浏览器其自身是一个 HTML 文档，<html>标签标志着 HTML 文档的开始，</html>标签标志着 HTML 文档的结束，在<html></html>标签之间的是文档的头部和主体内容。

3. <head></head>标签

<head>标签用于定义 HTML 文档的头部信息，也被称为头部标签，紧跟在<html>标签之后，主要用来封装其他位于文档头部的标签。例如，<title>、<meta>、<link>及<style>等，用来描述文档的标题、作者、以及与其他文档的关系等。

一个 HTML 文档只能含有一对<head></head>标签，绝大多数文档头部包含的数据都不会真正作为内容显示在页面中，主要用来帮助浏览器或搜索引擎来解析网页。

```
<!DOCTYPE html>
<html>
    <head>
        <meta charset="utf-8">
        <title></title>
    </head>
    <body>
    </body>
</html>
```

图 2-1　HTML5 基本文档格式

4. <body></body>标签

<body>标签用于定义 HTML 文档所要显示的内容，也被称为主体标签。浏览器中现实的所有文本、图像、音频和视频等信息都必须位于<body></body>标签内，<body>标签中的信息才是最终展示给用户看的。

一个 HTML 文档只能含有一对<body>标签，且<body>标签必须在<html>标签内，位于<head>头部标签之后，与<head>是并列关系，如图 2-1 所示。

2.1.2　基本标签

HTML 中的基本标签构成了网页的基础结构，并且每个标签都有其特定的用途。下面介绍一些常用的基本标签。

1. 标题标签

标题在 HTML 文档中扮演着至关重要的角色，不仅为内容提供了结构和层次感，还有助于改善可读性和搜索引擎优化(search engine optimization，SEO)。

标题标签默认带有不同的字号和样式，使得开发者在没有应用额外 CSS 样式的情况下也能有区分度的视觉表现。HTML 提供了<h1>到<h6>六个等级的标题标签，用于定义不同级别的标题。其中<h1>定义最大的标题，<h2>~<h5>的字号依次减小，<h6>定义最小的标题。开发者也可以通过 CSS 对标题进行个性化的样式设计。

使用标题标签示例代码如下。

```
<! DOCTYPE html>
<html>
    <head>
        <meta charset="utf-8">
        <title></title>
```

```
        </head>
        <body>
            <h1>标题 1</h1>
            <h2>标题 2</h2>
            <h3>标题 3</h3>
            <h4>标题 4</h4>
            <h5>标题 5</h5>
            <h6>标题 6</h6>
        </body>
</html>
```

使用浏览器预览，标题标签效果如图 2-2 所示。

2. 段落标签

在 HTML5 中，段落是通过<p></p>标签定义的。在<p></p>之间的内容会自动形成一个段落。

可通过属性“align”来调整段落的对齐方式，分别介绍如下。

(1) left：段落左对齐。

(2) center：段落居中对齐。

(3) right：段落右对齐。

使用段落标签示例代码如下。

```
<! DOCTYPE html>
<html>
    <head>
        <meta charset="utf-8">
        <title></title>
    </head>
    <body>
        <p align="center">春晓</p>
        <p align="center">春眠不觉晓,处处闻啼鸟。</p>
        <p align="center">夜来风雨声,花落知多少。</p>
    </body>
</html>
```

使用浏览器预览，段落标签效果如图 2-3 所示。

图 2-2　标题标签效果

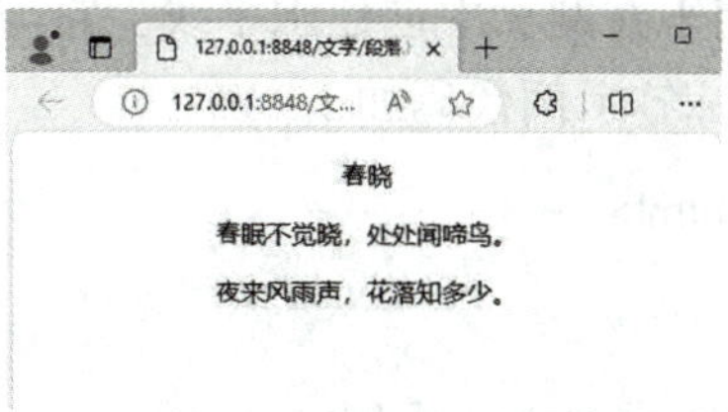

图 2-3　段落标签效果

3. 换行标签

换行是 HTML5 中经常使用的样式之一，但是任何回车换行在代码中都不能起到换行的作用。在 HTML 中通过使用
标签来换行，它的作用与在普通文档里插入回车符意义相同，都表示强制性的换行。
标记是一个空标记，在需要换行的位置，只需要添加
即可。一个
表示一个换行，多个
表示多个换行。

> **提示**
> 没有闭合的标签称为空标签，如
和<img/>等，它们不存在成对的情况，在 HTML 中，在空标签上使用闭标签是无效的，如</br>。

使用换行标签示例代码如下。

```
<! DOCTYPE html>
<html>
    <head>
        <meta charset="utf-8">
        <title></title>
    </head>
    <body>
        春眠不觉晓,<br>
        处处闻啼鸟。<br/>
        夜来风雨声,<br/>
        花落知多少。
    </body>
</html>
```

使用浏览器预览，换行标签效果如图 2-4 所示。

4. 水平线标签

水平线常用于文章、报告或任何需要分隔不同部分的文本内容之间。例如，在两个段落或章节之间插入一条水平线，可以帮助读者区分不同的内容部分。当网页内容较为复杂时，合理地使用水平线可以使文档看起来更加清晰，文字编排更加整齐，从而提升用户阅读体验。在介绍不同主题或概念时，使用水平线可以明确标示内容上的变化，帮助用户识别页面上的不同部分或主题。水平线不仅是功能性元素，它还可以通过调整宽度、高度、颜色等属性来美化页面布局，使网页设计更加吸引人。

<hr/>标签用于在网页中创建水平线，它与
标签一样是一个空标签。

使用水平线标签示例代码如下。

```
<! DOCTYPE html>
<html>
    <head>
        <meta charset="utf-8">
        <title></title>
```

```
    </head>
    <body>
        <h1>春晓</h1>
        <hr/>
        <p>春眠不觉晓,处处闻啼鸟。</p>
        <p>夜来风雨声,花落知多少。</p>
    </body>
</html>
```

使用浏览器预览，水平线标签效果如图 2-5 所示。

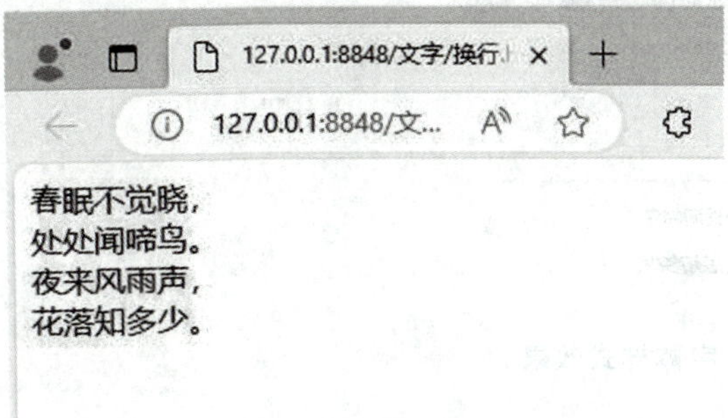

图 2-4　换行标签效果

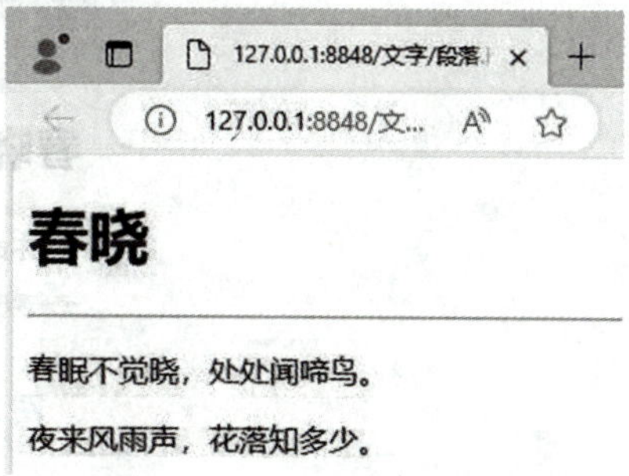

图 2-5　水平线标签效果

5. 字体样式标签

为了确保某些文本在语义和视觉上能够脱颖而出，必须对文本进行结构化处理。简而言之，这就意味着在编辑文本的过程中，需要对特定部分的文本进行适当的重点突出，如加粗或斜体。

(1)加粗显示

加粗显示的字体可以吸引读者的注意力，常用于强调关键词或重要信息。在 HTML 中，可以使用<b></b>标签和<strong></strong>标签来实现加粗加强文本显示。

(2)斜体显示

斜体常用来表示引用的文字或者是强调某些词语，以区别于其他正常文本。在西文中，斜体字经常用于书籍、报纸和杂志中，以表示特殊的语境或者语气，如讽刺或幽默。在 HTML 中，可以使用<em></em>和<i></i>标签设置文本以斜体方式显示。

使用字体样式标签示例代码如下。

```
<! DOCTYPE html>
<html>
    <head>
        <meta charset="utf-8">
        <title></title>
    </head>
```

```
    <body>
        <h1>春晓</h1>
        <hr/>
        <p>春眠<strong>不觉晓</strong>,<b>处处</b>闻啼鸟。</p>
        <p><i>夜来</i>风雨声,<em>花落知</em>多少。</p>
    </body>
</html>
```

使用浏览器预览，字体样式效果如图 2-6 所示。

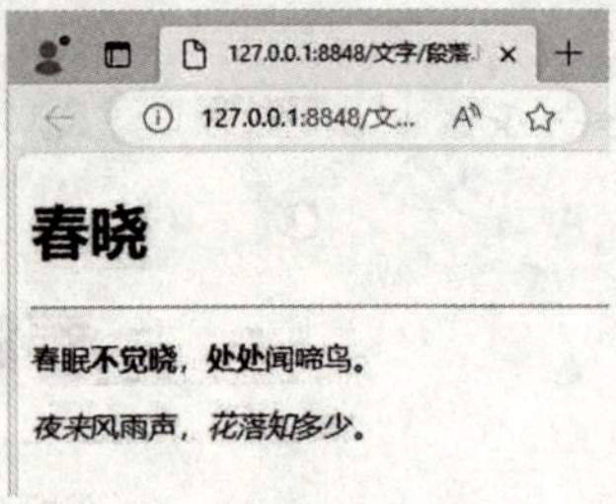

图 2-6　字体样式效果

2.1.3　序列标签

在编写文档、构建网页或进行数据分析时，列表提供了一种清晰且结构化的方式来展示一系列的项目。无论是有序列表，其中每一项都按特定顺序排列并通常由数字引导，还是无序列表，其中的内容不分先后，只通过符号或图标来分隔条目，列表都是使信息条理化的关键元素。HTML 支持有序、无序和定义列表。

1. 无序列表

无序列表类似于 Word 中的项目符号列表，它在展示列表项时不强调顺序性，而是通过项目符号来区分各个列表项。<ul>…</ul>用来标签无序列表的开始和结束，其基本语法如下。

```
<ul>
  <li>列表项</li>
  <li>列表项</li>
…
</ul>
```

其中每一个<li>标签表示一个列表项值。无序列表是一个项目的列表，此列项目使用粗体圆点进行标记。

使用无序列表示例代码如下。

```
<! DOCTYPE html>
<html>
    <head>
        <meta charset="utf-8">
        <title>无序列表</title>
    </head>
    <body>
        <ul>
            <li>春眠不觉晓</li>
            <li>处处闻啼鸟</li>
            <li>夜来风雨声</li>
            <li>花落知多少</li>
        </ul>
    </body>
</html>
```

使用浏览器预览，无序列表效果如图 2-7 所示。

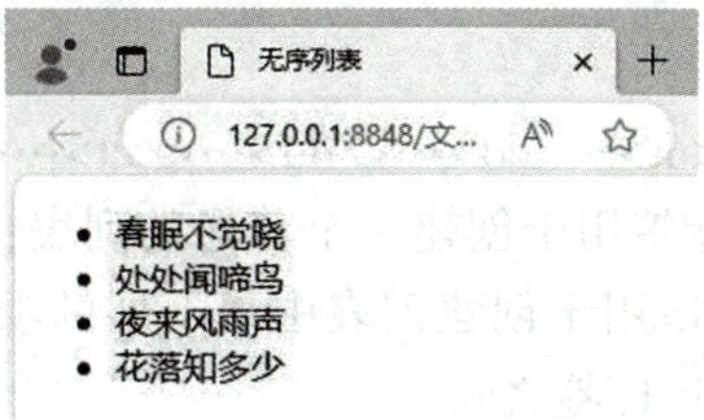

图 2-7　无序列表效果

2. 有序列表

有序列表与普通列表的不同之处在于有序列表存在序号，类似于 Word 中的编号列表。<ol>…</ol>用来标签有序列表的开始和结束，其基本语法如下。

```
<ol>
  <li>列表项</li>
  <li>列表项</li>
  …
</ol >
```

其中<ol>标签的属性如下。

(1) type=1：表示用数字给列表项编号，这是默认设置。

(2) type=a：表示用小写字母给列表项编号。

(3) type=A：表示用大写字母给列表项编号。

(4) type=i：表示用小写罗马字母给列表项编号。

(5) type=I：表示用大写罗马字母给列表项编号。

使用有序列表示例代码如下。

```
<! DOCTYPE html>
<html>
    <head>
        <meta charset="utf-8">
        <title>有序列表</title>
    </head>
    <body>
        <ol>
            <li>春眠不觉晓</li>
            <li>处处闻啼鸟</li>
            <li>夜来风雨声</li>
            <li>花落知多少</li>
        </ol>
    </body>
</html>
```

使用浏览器预览，其效果如图 2-8 所示。

3. 自定义列表

自定义列表通过<dl>…<dt>…<dd>…</dd>…</dt>…</dl>的形式实现，通常用于排版。其中，<dl>…</dl>标签用于创建一个普通的列表；<dt>…</dt>用于创建列表中的上层项目；<dd>…</dd>用于创建列表中最下层的项目。<dt>…</dt>和<dd>…</dd>都必须放在<dl>…</dl>标签之间。

使用自定义列表示例代码如下。

```
<! DOCTYPE html>
<html>
    <head>
        <meta charset="utf-8">
        <title>自定义列表示例</title>
    </head>
    <body>
      <h1>自定义列表示例</h1>
      <dl>
        <dt>HTML</dt>
        <dd>超文本标记语言(HyperText Markup Language)是用于创建网页的标准标记语言。
</dd>
        <dt>CSS</dt>
        <dd>层叠样式表(Cascading Style Sheets)是一种用来表现 HTML 或 XML 等文件样式
的计算机语言。</dd>
        <dt>JavaScript</dt>
        <dd>一种轻量级的编程语言,通常用于在网页中实现复杂的功能和交互效果。</dd>
      </dl>
    </body>
</html>
```

使用浏览器预览，其效果如图 2-9 所示。

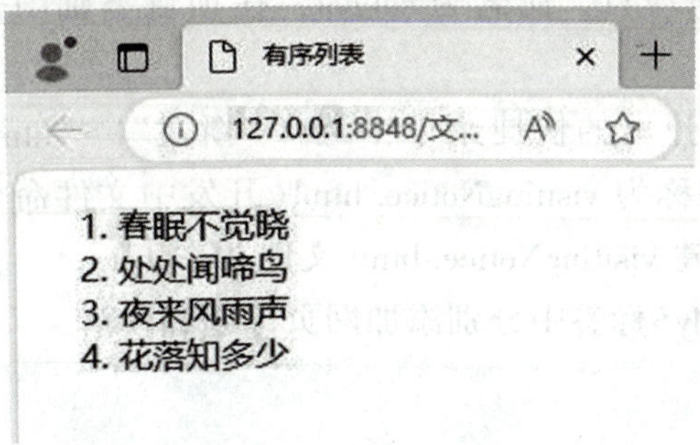

图 2-8　有序列表效果

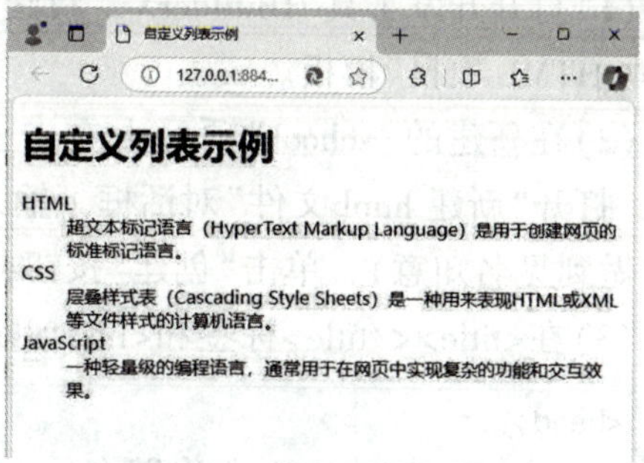

图 2-9　自定义列表效果

案例　制作校史馆参观须知网页

在校史馆的数字化建设过程中，为方便广大师生及访客了解并遵守校史馆参观规则，决定设计并制作一个“校史馆参观须知”网页。通过“校史馆参观须知”网页，可以清晰、准确、全面地展示校史馆开放时间、预约方式、参观流程、注意事项等内容，提升用户体验，规范参观行为，有效保护校史馆内的文物和展品。最终效果如图 2-10 所示。

制作校史馆参观须知网页

图 2-10　“校史馆参观须知”网页

制作校史馆参观顺知网页步骤如下。

(1)打开开发工具 HBuilderX，新建普通项目，命名为 school，在项目类别中选择“基本 HTML 项目”模板。

(2)在新建的“school”项目上右击，在弹出的快捷菜单中选择“新建”→“html 文件”，打开“新建 html 文件”对话框，输入名称为 visitingNotice. html(开发中文件命名一般要做到见名知意)，单击“创建”按钮，新建 visitingNotice. html 文件。

(3)在<title></title>标签和<body></body>标签中分别添加网页标题和段落。

```
<head>
        <meta charset="utf-8" />
        <title>校史馆参观须知</title>
</head>
    <body>
        <h2>欢迎参观我们的校史馆！ </h2>
        <p>在这里,您将发现我们学校悠久的历史和丰富的文化。
        为了让您的参观体验更加顺利,以下是一些建议和注意事项:</p>
    </body>
```

(4)在<body></body>标签中，继续添加有序标签<ol></ol>和参观须知内容。(图像标签见任务 2 中的 2. 2. 1)

```
<ol>
    <li>请自觉爱护展品,请勿乱涂乱划,请勿损坏展品,若有人为损坏须照价赔偿</li>
    <li>请自觉维护馆内清洁卫生,不随地吐痰,不乱扔果皮杂物。</li>
    <li>请自觉遵守秩序,行为举止文明,听从工作人员的引导。</li>
    <li>请勿在馆内大声喧哗和打闹,以免发生意外。</li>
    <li>馆内严禁吸烟和使用明火,严禁携带危险品(易燃易爆、化学品、管制刀
        具及其他可能危害展品和人身安全的所有物品)进入馆内。</li>
    <li>当馆内人数趋近饱和时,馆内将采取分批量参观的措施,请参观者配合。</li>
    <li>参观过程中遇到问题请及时与馆内工作人员联系。</li>
    <li>请保管好自己的随身物品,勿将书包、水杯等带入馆内。</li>
    <li>参观时请扫下方二维码提前一天预约。</li>
    <img src="img/image1. jpg" alt="展品 1">
    <p>本馆开放日:每周一至周五 上午 8:30-11:30、下午 14:00-17:00</p >
</ol>
```

(5)在<body></body>标签中，添加无序标签<ul></ul>和其他相关内容。

```
<h2>展品介绍</h2>
<p>我们的校史馆展示了丰富多彩的历史文物和展品。以下是一些您可能感兴趣的内容:</p>
    <li>校园建设的历史照片展览。</li>
    <li>学校创始人的传记和资料。</li>
    <li>重要事件的文献记录。</li>
</ul>
```

任务评价

评价内容	评价标准	分值	学生自评	老师评估
HTML5 文档格式	了解 HTML5 文档格式	5		
基本标签	掌握标题标签	8		
	掌握段落标签	8		
	掌握换行标签	8		
	掌握水平线标签	8		
	掌握字体样式标签	8		
序列标签	掌握无序列表	10		
	掌握有序列表	10		
	掌握自定义列表	10		
制作校史馆参观须知网页	会制作校史馆参观须知网页	25		
总分		100		

任务 2　图像及表格的应用

任务描述

图像及表格在网页设计和开发中都扮演着不可或缺的角色。图像增强了网页的视觉吸引力和情感连接，而表格则提供了一种高效的方式来展示和组织数据。

任务分析

通过本任务的学习，读者首先能了解图像类型和路径分类；其次掌握图像标签、超链接标签以及链接分类；最后利用任务重点与实施家乡美食及制作流程展示网页。

任务重点与实施

2.2.1 图像类型及图像标签

1. 图像类型

图像是网页中重要的多媒体元素之一，可以弥补纯文本的单调性，增加网页的多彩性。

网页对图像格式并没有太严格的限制，但由于 GIF 和 JPEG 格式的图片文件较小，并且许多浏览器完全支持，因此它们是网页制作中最为常用的文件格式。一般情况下，网页中的图像格式包括下列最常见的 6 种。

(1) JPEG

JPEG 是 Web 上仅次于 GIF 的常用图像格式。JPEG 是一种压缩得非常紧凑的格式，专门用于不含大色块的图像。JPEG 格式的图像有一定的失真度，但是在正常的损失下，肉眼分辨不出 JPEG 和 GIF 图像的差别。而 JPEG 文件只有 GIF 文件的 1/4 大小。JPEG 对图标之类的含大色块的图像支持度不大，不支持透明图和动态图。

(2) PNG

PNG 格式是 Web 图像中最通用的格式。它是一种无损压缩格式，但是如果没有插件支持，有的浏览器可能不支持这种格式。PNG 格式允许图像拥有透明或半透明的效果，最多可以支持 32 位颜色，但是不支持动画图。

(3) GIF

GIF 是 Web 上最常用的图像格式，它可以用来存储各种图像文件，特别适用于存储线条、图标和计算机生成的图像、卡通和其他有大色块的图像。

GIF 格式的文件容量非常小，形成的是一种压缩的 8 位图像文件，所以最多支持 256 种不同的颜色。GIF 支持动态图、透明图和交织图。

(4) BMP

BMP 格式使用的是索引色彩，它的图像具有极其丰富的色彩，可以使用 16 M 色彩渲染图像。此格式一般在多媒体演示和视频输出等情况下使用。

(5) TIFF

TIFF 格式是对色彩通道图像来说最有用的格式，支持 24 个通道，能存储多于 4 个通道。TIFF 格式的结果要比其他格式更大、更复杂，它非常适合于印刷和输出。

(6) TGA

TGA(Targa)格式与 TIFF 格式相同，都可以用来处理高质量的色彩通道图形。另外，PDD、PSD 格式也是存储包含通道的 RGB 图像的最常见的文件格式。

2. 图像标签

图像是网页上传递信息的重要手段。它可以直观地展示内容，帮助用户快速理解网站的主题和信息。图像不仅能够吸引用户的注意力，还能增加网页的视觉吸引力。合适的图片能够激发用户的情感共鸣，使网站的体验更加丰富和个性化。

在 HTML 中，图像由<img>标签定义。<img>是空标签，意思是说，它只包含属性，并且没有闭合标签。

<img>标签的属性及描述见表 2-1。

表 2-1 <img>标签的属性

属性	值	描述
alt	text	用于设置图像说明
src	URL	用于设置图像的路径
height	pixels 或者%	用于设置图像的高度
width	pixels 或者%	用于设置图像的宽度
title	text	可以提供额外的信息，通常在鼠标悬停在图像上时显示
ismap	URL	将图像定义为服务器端的图像映射
usemap	URL	将图像定义为客户端图像映射

使用图像标签的示例代码如下。

```
<! DOCTYPE html>
<html>
    <head>
        <meta charset="utf-8">
        <title>插入图像</title>
    </head>
    <body>
        <img src="images/1. JPG" width="400" height="400">
        <img src="images/1. JPG" width="300" height="200">
    </body>
</html>
```

使用浏览器预览，插入图像效果如图 2-11 所示。

图 2-11　插入图像效果

2. 2. 2　路径分类

HTML 文件路径是用于描述网站文件夹中文件的位置，它是在网页上用于链接外部文件的，如其他 HTML 文件(网页)、图片(使用<img>标签或 background 属性)、CSS 样式表(使用<link>标签)、JavaScript 文件(使用<script>标签)等。

HTML 文件路径有两种类型，包括绝对文件路径和相对文件路径。

1. 相对文件路径

相对文件路径是指由这个文件所在的路径引起的跟其他文件(或文件夹)的路径关系，它可以指定与当前页面相关的文件；使用相对文件路径可以带来很多的便利。

如果目标文件与当前文件在同一个文件夹下，则二者是“兄弟”关系，可以直接引用，如图 2-12 所示，网页 2. html 文件中引入 bg2. jpg，则 src = " bg2. jpg" 。如果目标文件在当前文件的上一级，则需要先返回上一级(. . /)然后引入，例如，图 2-12 中网页 1. html 文件中引入 bg2. jpg，则 src =“. . /bg2. jpg”；如果目标文件在当前文件的下一级，则需要先选择下一级(/)，例如，图 2-12 中网页 2. html 文件中引入 bg1. jpg，则 src = " img/bg1. jpg" 。

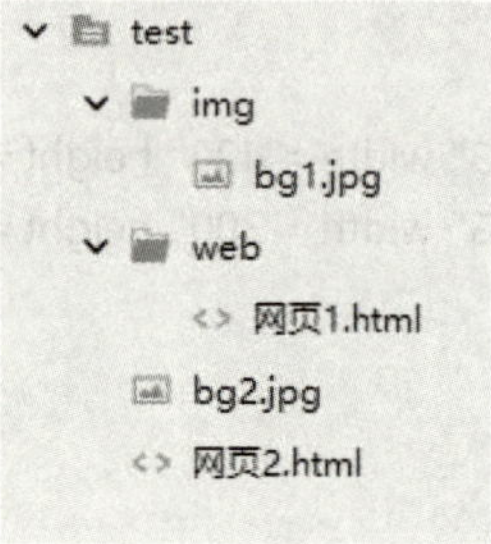

图 2-12　项目结构

2. 绝对文件路径

绝对文件路径是指目录下的绝对位置，直接到达目标位置，是主页上的文件或目录在硬盘上真正的路径，通常是从盘符开始的路径；它可以指定完整的 URL 地址。

绝对路径可以使用反斜杠(\ )或正斜杠(/)作为目录的分隔字符。在实际开发过程中较少使用绝对路径，因为如果在不同的计算机上使用绝对路径来指定背景图片的位置，可能会出现问题，导致图片无法显示。

2.2.3 超链接标签

超链接是连接不同网页和资源的桥梁。通过点击超链接，用户可以从一个页面跳转到另一个页面，不论是在同一个网站上还是跳转到其他网站。

HTML 使用超链接与网络上的另一个文档相连。HTML 中的链接是一种用于在不同网页之间导航的元素。

HTML5 中的超链接使用<a>标签，其基本结构如下。

```
<a href=URL>网页元素</a>
```

超链接可以是一个字，一个(组)词，也可以是一幅图像，用户可以点击这些内容来跳转到新的文档或者当前文档中的某个部分。

当用户把鼠标指针移动到网页中的某个链接上时，箭头会变为一只小手。

默认情况下，链接将以以下形式出现在浏览器中。

(1)一个未访问过的链接显示为蓝色字体并带有下划线。

(2)访问过的链接显示为紫色并带有下划线。

(3)点击链接时，链接显示为红色并带有下划线。

<a>标签具有以下属性。

(1)href：指定链接目标的 URL，这是链接的最重要属性。可以是另一个网页的 URL、文件的 URL 或其他资源的 URL。

(2)target(可选)：指定链接如何在浏览器中打开。常见的值包括_blank(在新标签或窗口中打开链接)和_self(在当前标签或窗口中打开链接)。

(3)title(可选)：提供链接的额外信息，通常在鼠标悬停在链接上时显示为工具提示。

(4)rel(可选)：指定与链接目标的关系，如 nofollow、noopener 等。

2.2.4 链接的分类

1. 文本链接

最常见的链接类型是文本链接，它使用<a>标签将一段文本转化为可点击的链接，基本结构如下。

```
<a href="https://www.example.com">访问示例网站</a>
```

在创建文本链接时，包含普通、鼠标滑过、鼠标单击和已访问 4 种状态。

2. 图像链接

使用图像作为链接。在这种情况下，<a>元素包围着<img>元素。其基本结构如下。

```
<a href="https://www.example.com">
  <img src="example.jpg" alt="示例图片">
</a>
```

3. 锚点链接

除了链接到其他网页外，还可以在同一页面内创建内部链接，称为锚点链接。要创建锚点链接，需要在目标位置使用<a>元素定义一个标签，并使用#符号引用该标签。其基本结构如下。

```
<a href="#section2">跳转到第二部分</a>
<! --在页面中的某个位置-->
<a name="section2"></a>
```

4. 下载链接

如果希望链接用于下载文件而不是导航到另一个网页，可以使用 download 属性。其基本结构如下。

```
<a href="document.pdf" download>下载文档</a>
```

5. 新窗口链接

新窗口链接是当用户单击超链接时，目标页面会替换当前页面，显示所链接的窗口内容。

在 HTML 中，可以使用<a>标签中的 target 属性来创建新窗口链接。而 target 属性值包括_blank、_self、_top 和 parent 属性值，其中_blank 属性值表示在新窗口中显示超链接页面，_self 属性值表示在当前窗口中显示超链接。如若省略 target 属性值，则 target 属性默认使用_self 属性值。

2.2.5 表格

表格是由一行或多行组成的，而每行又由一个或多个单元格组成。在网页中通常使用表格来展示一些数据，例如成绩表、财务报表等。

HTML5 中的表格类似于 Excel 表格，一般由行、列和单元格组成，如图 2-13 所示。

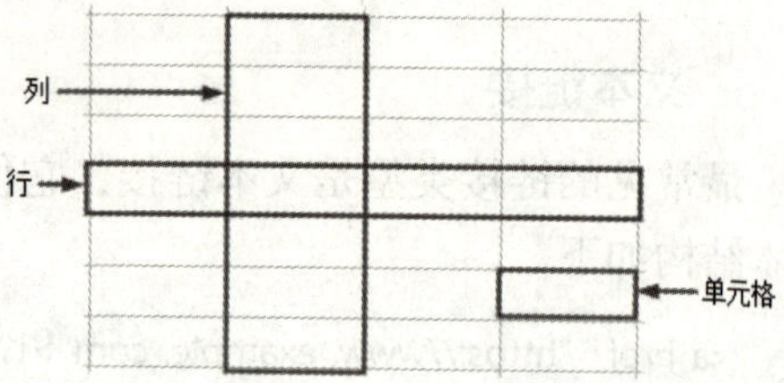

图 2-13 表格组成

在 HTML5 中创建表格的基本标记有下列 5 个。

(1) <table>…</table>：该标记是表格的最外层标记，表示创建一个表格。

(2) <tr>…</tr>：该标记表示表格中的行，每出现一对<tr></tr>表示一行，它的上一个标记是<table>。

(3) <td>…</td>：该标记表示表格中的单元格。<td>和</td>中间内容就是单元格的内容，它的上一个标记是<tr>。

(4) <th>…</th>：该标记表示的也是表格中的单元格，但 th 元素中的内容默认将居中粗体显示，它经常用于表头的单元格。

(5) <caption>…</caption>：该标记表示表格标题，通常居中显示在表格上方。该标记直接放在<table>之后，且每个表格只能设置一个标题。

创建表格的基本语法如下。

```
<table>
<caption>… </caption>
    <tr>
        <th>… </th>
    </tr>
    <tr>
        <td>… </td>
        …
    </tr>
    …
</table>
```

默认创建的表格是没有边框的，可以使用 border 属性定义是否显示表格的边框。其基本语法如下。

```
<table border="属性值">
```

其中属性值只能是 1 或空，默认效果无边框，1 表示有边框。

创建表格的示例如下。

```
<! DOCTYPE html>
<html>
    <head>
        <meta charset="utf-8">
        <title>创建表格</title>
    </head>
    <body>
        <table border="1">
        <caption>学生信息表</caption>
          <tr>
            <th>学号</th>
            <th>姓名</th>
            <th>性别</th>
            <th>年龄</th>
```

```
            </tr>
            <tr>
              <td>202301011</td>
              <td>李明</td>
              <td>男</td>
              <td>18</td>
            </tr>
            <tr>
              <td>202301012</td>
              <td>刘艳</td>
              <td>女</td>
              <td>18</td>
            </tr>
            <tr>
              <td>202301013</td>
              <td>康小丽</td>
              <td>女</td>
              <td>19</td>
            </tr>
            <tr>
              <td>202301014</td>
              <td>胡信</td>
              <td>男</td>
              <td>19</td>
            </tr>
          </table>
      </body>
</html>
```

使用浏览器预览，创建表格效果如图 2-14 所示。但是默认情况下表格的样式并不美观，甚至不符合页面的风格。通过 CSS 中提供的一些属性可以修改表格的样式，大大改善表格的外观。

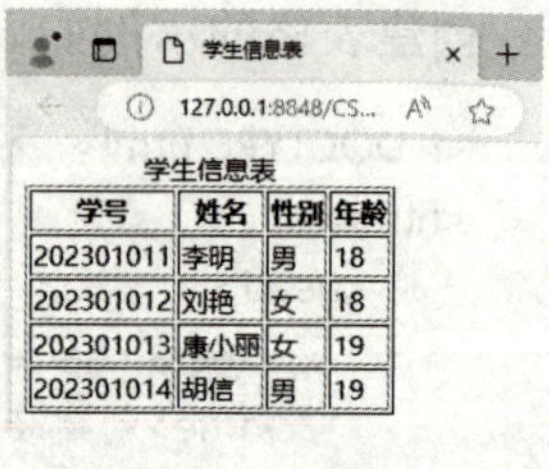

图 2-14　创建表格

1. 表格布局

在 CSS 中通过 table-layout 属性用来设置表格布局时所用的布局算法。其基本语法如下。

```
table-layout:automatic|fixed
```

其中，automatic 是默认值，自定表格布局，表示表格中每列的宽度视单元格中的内容而定；fixed 是固定表格布局，表示表格的宽度由列宽度、单元格边框、单元格之间的间距等因素而定。

2. 设置表格边框

在 CSS 中通过 border-collapse 属性设置是否合并表格中相邻的边框。其基本语法如下。

```
border-collapse:separate|collapse
```

其中，separate 为默认值，相邻的两个边框是分开的，使用它不会忽略 border-spacing 和 empty-cells 属性；collapse 将相邻的两个边框会合并为一个单一的边框，使用它会忽略 border-spacing 和 empty-cells 属性。

设置表格边框的示例如下。

```
<! DOCTYPE html>
<html>
    <head>
        <meta charset="utf-8">
        <title>表格</title>
        <style>
            table {
                float: left;
            }
            . table_one {
                border-collapse: separate;
            }
            . table_two {
                margin-left: 20px;
                border-collapse: collapse;
            }
        </style>
    </head>
    <body>
        <table class="table_one" border="1">
            <tr>
                <th>编号</th>
                <th>姓名</th>
                <th>年龄</th>
            </tr>
            <tr>
                <td>1</td>
                <td>张三</td>
                <td>15</td>
            </tr>
            <tr>
                <td>2</td>
                <td>李四</td>
```

```
            <td>11</td>
        </tr>
        </table>
    <table class="table_two" border="1px">
        <tr>
            <th>编号</th>
            <th>姓名</th>
            <th>年龄</th>
        </tr>

        <tr>
          <td>1</td>
          <td>张三</td>
          <td>15</td>
        </tr>
        <tr>
          <td>2</td>
          <td>李四</td>
          <td>11</td>
        </tr>
        </table>
    </body>
</html>
```

使用浏览器预览，设置表格边框效果如图 2-15 所示。

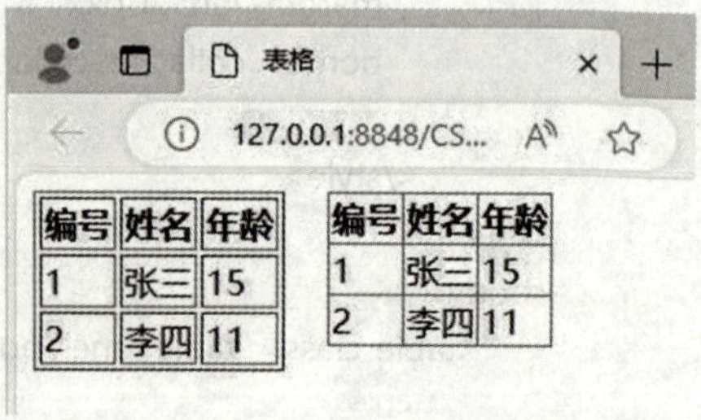

图 2-15　设置表格边框效果

3. 设置表格间距

在 CSS 中通过 border-spacing 属性设置相邻单元格边框之间的距离。其基本语法如下。

```
border-spacing:length length;
```

其中，参数 length 由数值和单位组成，表示相邻单元格边框之间的距离。如果只定义一个 length 参数，那么这个值将同时作用于横向和纵向的间距；如果同时定义两个 length 参数，那么第 1 个 length 参数表示相邻边框的横向间距，第 2 个 length 参数表示相邻边框的纵向间距。

设置表格间距的示例如下。

```
<! DOCTYPE html>
<html>
    <head>
        <meta charset="utf-8">
        <title>表格</title>
        <style>
```

```
        table {
            float: left;
        }
        . table_one {
           border- spacing:15px 10px;
        }
        . table_two {
            margin- left:20px;
            border- spacing:20px;
        }
    </style>
</head>
<body>
    <table class="table_one" border="1">
        <tr>
            <th>编号</th>
            <th>姓名</th>
            <th>年龄</th>
        </tr>
        <tr>
            <td>1</td>
            <td>张三</td>
            <td>15</td>
        </tr>
        <tr>
            <td>2</td>
            <td>李四</td>
            <td>11</td>
        </tr>
        </table>
    <table class="table_two" border="1px">
        <tr>
            <th>编号</th>
            <th>姓名</th>
            <th>年龄</th>
        </tr>
        <tr>
            <td>1</td>
            <td>张三</td>
            <td>15</td>
        </tr>
        <tr>
            <td>2</td>
            <td>李四</td>
```

```
                <td>11</td>
            </tr>
        </table>
    </body>
</html>
```

使用浏览器预览，设置表格间距效果如图 2-16 所示。

4. 设置表格标题

在 CSS 中通过 caption-side 属性设置表格标题的位置，其基本语法如下。

```
caption-side:top|bottom;
```

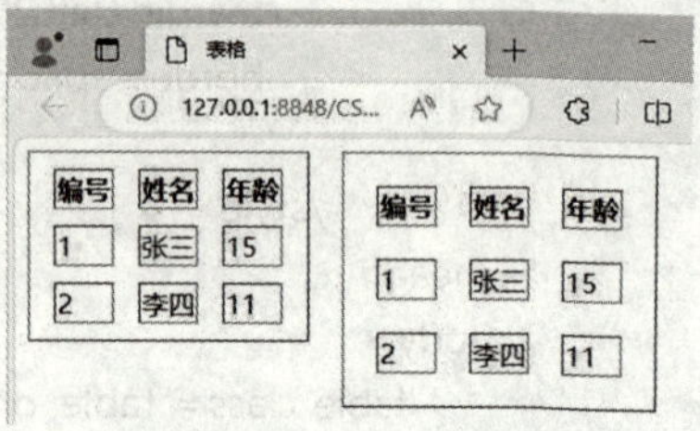

图 2-16　设置表格间距效果

其中，top 为默认值，表示将表格标题定位在表格正上方；bottom 表示将表格标题定位在表格正下方。

设置表格标题的示例如下。

```
<!DOCTYPE html>
<html>
    <head>
        <meta charset="utf-8">
        <title>表格</title>
        <style>
            table {
                float: left;
            }
            .table_one {
                border-spacing:15px 10px;
            }
            .table_two {
                margin-left:20px;
                border-spacing:20px;
            }
        </style>
    </head>
    <body>
        <table class="table_one" border="1">
        <caption>表格标题</caption>
            <tr>
                <th>编号</th>
                <th>姓名</th>
                <th>年龄</th>
            </tr>
```

```
        <tr>
            <td>1</td>
            <td>张三</td>
            <td>15</td>
        </tr>
        <tr>
            <td>2</td>
            <td>李四</td>
            <td>11</td>
        </tr>
        </table>
    <table class="table_two" border="1">
    <caption>表格标题</caption>
        <tr>
            <th>编号</th>
            <th>姓名</th>
            <th>年龄</th>
        </tr>
        <tr>
            <td>1</td>
            <td>张三</td>
            <td>15</td>
        </tr>
        <tr>
            <td>2</td>
            <td>李四</td>

            <td>11</td>
        </tr>
        </table>
  </body>
</html>
```

使用浏览器预览，设置表格间距效果如图 2-17 所示。

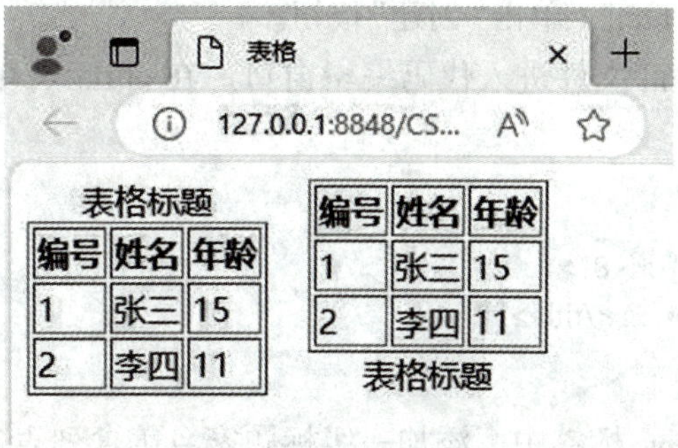

图 2-17　设置表格间距效果

案例　制作家乡美食及流程展示网页

通过网页的形式，全面、生动、详尽地展示家乡的代表性美食，展现家乡独特的饮食文化，让更多的人了解和认识你的家乡。详细介绍每一道美食的历史渊源、食材选择、制作步骤、口感特点等通过高品质的内容输出，提升家乡美食的知名度和影响力，吸引游客前来品尝，助力本地餐饮业和旅游业的发展。最终效果如图 2-18 所示。

制作家乡美食及流程展示网页

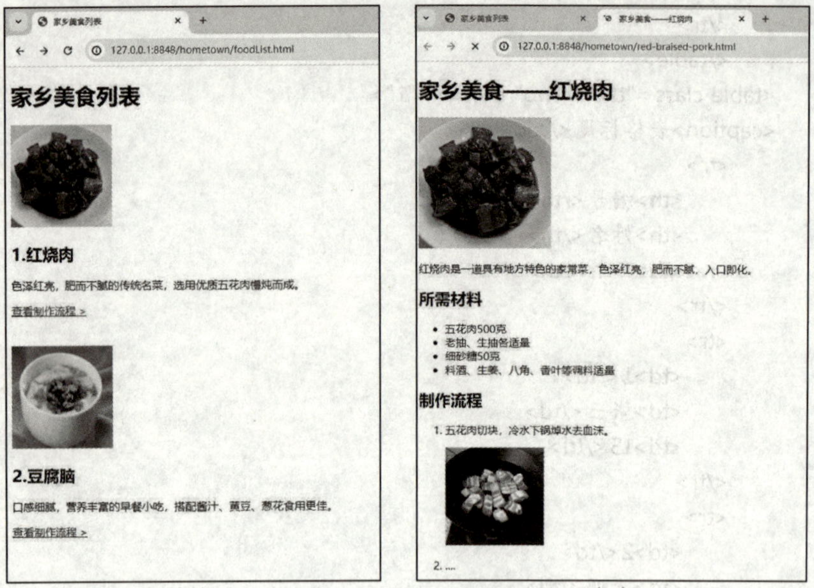

（a）　（b）

图 2-18　家乡美食及制作流程网页

制作家乡美食及流程展示步骤如下。

(1) 在 HBuilderX 中新建普通项目，命名为“hometown”，在项目类别中选择“基本 HTML 项目”模板。

(2) 在“hometown”项目上右击，在弹出的快捷菜单中依次选择“新建”→“html 文件”，输入名称 foodlist. html，单击“创建”按钮。

(3) 单击 foodlist. html 文件进入代码编辑窗口。在<title></title>标签中设置网页标题“家乡美食列表”。

```
<head>
    <meta charset="utf-8">
    <title>家乡美食列表</title>
</head>
```

(4) 在<body></body>标签中，添加一级标题家乡美食列表。

```
<h1>家乡美食列表</h1>
```

（5）在<body></body>标签中，插入第一道美食图片、名称、描述以及详细制作流程的超链接并设置好相关属性，同时将美食图片的源文件放入项目下的 img 文件夹中。

```
<! --第一道美食 -->
        <img src = "img/red - braised - pork. jpg" alt = "红烧肉" height = "150px" width = "
150px">
        <h2>1. 红烧肉</h2>
        <p>色泽红亮,肥而不腻的传统名菜,选用优质五花肉慢炖而成。</p>
        <a href="red-braised-pork. html" target="_blank">查看制作详情</a>
```

（6）继续在<body></body>标签中，插入分割线标签<hr>以及第二道美食图片、名称、描述以及详细制作流程的超链接并设置好相关属性，并将美食图片的源文件放入项目下的 img 文件夹中。

```
<hr>
<! --第二道美食 -->
        <a href="https://www. baidu. com/" title="这是一个图片超链接">
            <img src="img/tofu-brain. jpg" alt="豆腐脑"   height="150px" width="150px">
        </a>
        <h2>2. 豆腐脑</h2>
        <p>口感细腻,营养丰富的早餐小吃,搭配酱汁、黄豆、葱花食用更佳。</p>
        <a href="tofu-brain. html" target="_blank">查看制作详情 ></a>
        <! -- 更多美食按此格式继续添加 -->
        <! -- ... -->
```

（7）在项目 hometown 上右击，在弹出的快捷菜单中依次选择“新建”→“html 文件”，打开“新建 html 文件”对话框，输入名称 red-braised-pork. html，单击“创建”按钮。

（8）单击 red-braised-pork. html 文件进入代码编辑窗口。在<title></title>标签中设置网页标题为“家乡美食——红烧肉”。

```
<head>
    <meta charset="utf-8">
    <title>家乡美食——红烧肉</title>
</head>
```

（9）在 red-braised-pork. html 文件的<body></body>标签中，插入红烧肉图片以及制作红烧肉的所用食材和详细步骤，并将相关图片的源文件放入项目下的 img 文件夹中。

```
<body>
    <h1>家乡美食——红烧肉</h1>
        <! -- 美食介绍 -->
    <img src="img/red-braised-pork. jpg" alt="红烧肉" height="300px" width=
"300px">
    <p>红烧肉是一道具有地方特色的家常菜,色泽红亮,肥而不腻,入口即化。</p>
```

```
        <!-- 制作材料 -->
        <h2>所需材料</h2>
        <ul>
            <li>五花肉 500 克</li>
            <li>老抽、生抽各适量</li>
            <li>细砂糖 50 克</li>
            <li>料酒、生姜、八角、香叶等调料适量</li>
        </ul>
        <!-- 制作步骤 -->
        <h2>制作流程</h2>
        <ol>
            <li>
              <p>五花肉切块,冷水下锅焯水去血沫。</p>
              <img src="img/step1.jpg" alt="五花肉焯水">
            </li>
            <li>
              <p>....</p>
              <img src="step2.jpg" alt="五花肉焯水">
            </li>
            <!-- 重复此结构以添加更多步骤 -->
            <!-- ... -->
        </ol>
    </body>
```

任务评价

评价内容	评价标准	分值	学生自评	老师评估
图像类型及图像标签	了解图像类型	5		
	掌握图像标签	10		
路径分类	会使用相对路径	10		
	会使用绝对路径	10		
超链接标签	掌握超链接标签	15		
链接的分类	了解链接的分类	5		
表格	会创建表格	15		
制作家乡美食及制作流程展示网页	会制作家乡美食及制作流程展示网页	30		
总分		100		

任务 3　HTML5 新增标签及属性

任务描述

HTML5 的新增标签不仅丰富了网页的功能和表现力，还提高了网页的语义化、可访问性和 SEO 优化。

任务分析

通过本任务的学习，读者要掌握语义化标签、分组标签、页面交互标签，理解 HTML 元素的全局属性，利用所学知识点制作影视剧网页。

任务重点与实施

2.3.1　语义化标签

语义化指对文本内容的结构化(内容语义化)，选择合乎语义的标签(代码语义化)，便于开发者阅读、维护和写出更优雅的代码。同时，让浏览器的爬虫和辅助技术更好地解析。

在 HTML5 出来之前，人们习惯于用 div 来表示页面的章节或者不同模块，然而 div 本身是没有语义的。但是现在，HTML5 中加入了一些语义化标签，来更清晰地表达文档结构。

HTML5 推动下的标签语义化也是在适应越来越多的具体使用场景，换句话说，标签语义化协助下的内容语义化表达，会推动自然语言处理 AI，进而提高机器处理分析 Web 的能力。

HTML5 提供了定义页面不同部分的语义化标签，一个网页的页面一般包含 header 区、nav 区、section 区、article 区、aside 区和 footer 区，如图 2-19 所示。

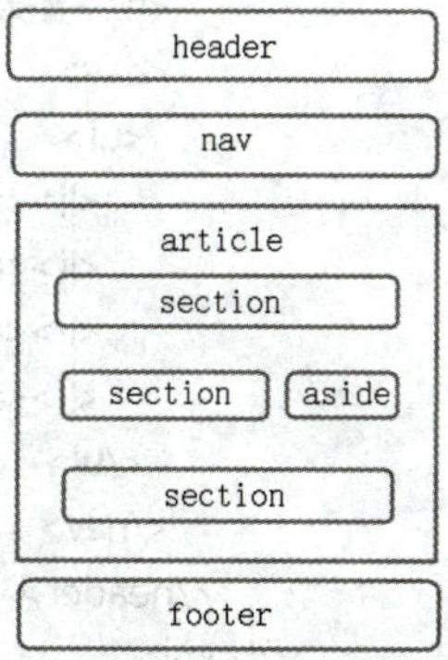

图 2-19　页面结构

HTML5 新增的语义化标签主要有以下几个。

1. header 标签

header 标签是页面加载的第一个标签，包含了站点的标题、logo、网站导航等，是一种具有引导和导航作用的结构标签，通常用来放置整个页面或页内的一个内容区块的标题。

一个网页内并未限制 header 标签的个数，可以拥有多个，可以为每个内容区块增加一个。header 标签中可以包含多个 h1 ~ h6 标签、hgroup 标签、nav 标签、form 标签、table 标签等。

使用 header 标签示例代码如下。

```
<article>
<header>
<hgroup>
<h1>主标题</h1>
<h2>副标题</h2>
</hgroup>
</header>
</article>
```

2. nav 标签

nav 标签用于构建一个页面或一个站点内的链接，表示一个可以用作页面导航的链接组。其中的导航标签链接到其他页面或当前页面的其他部分。

但是，并不是链接的每一个集合都是一个<nav>，例如，赞助商的链接列表及搜索结果页面就不是一个<nav>，因为它们是当前页面的主内容。

使用 nav 标签示例代码如下。

```
<! DOCTYPE html>
<html>
    <head>
        <meta charset="utf-8">
        <title>nav 标签示例</title>
    </head>
    <body>
        <header>
          <h1>蓝天公司</h1>
          <nav>
            <ul>
              <li><a>首页</a></li>
              <li><a>公司简介</a></li>
              <li><a>产品展示</a></li>
              <li><a>资源下载</a></li>
            </ul>
          </nav>
        </header>
    </body>
</html>
```

使用浏览器预览，nav 标签效果如图 2-20 所示。

图 2-20 nav 标签效果

3. section 标签

section 标签用来定义文档中的节，例如，章节、页眉、页脚或文档中的其他部分。用于成节的内容，会在文档流中开始一个新的节，它主要用于表示对网站或应用程序中页面上的内容进行分块。section 标签通常由内容及其标题组成。

使用 section 标签示例代码如下。

```
<! DOCTYPE html>
<html>
    <head>
        <meta charset="utf-8">
        <title>唐代诗人简介</title>
    </head>
    <body>
        <section>
            <h1>王维</h1>
            <p>王维，字摩诘，号摩诘居士，河东蒲州(今山西运城)人，唐朝诗人、画家。他不仅参禅悟理，学庄信道，还精通诗、书、画、音乐等，以诗名盛于开元、天宝年间，尤长五言，多咏山水田园，与孟浩然合称“王孟”，有“诗佛”之称。</p>
        </section>

        <section>
            <h2>杜甫</h2>
            <p>杜甫，字子美，自号少陵野老，唐代伟大的现实主义诗人，祖籍襄阳(今属湖北)，与李白合称“李杜”。为了与另两位诗人李商隐与杜牧即“小李杜”区分，杜甫与李白又合称“大李杜”，杜甫也常被称为“老杜”。后世称其杜拾遗、杜工部，也称他杜少陵、杜草堂。</p>
        </section>
    </body>
</html>
```

使用浏览器预览，section 标签效果如图 2-21 所示。

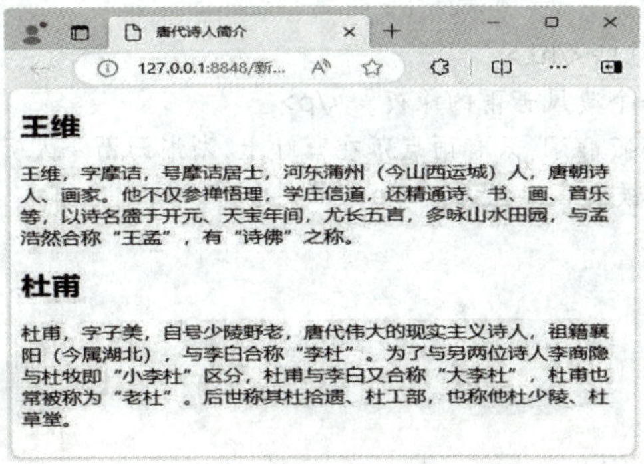

图 2-21 section 标签效果

4. main 标签

main 标签用于包裹网页的主要内容，即用户在页面上主要关注的那部分内容。它通常包含文章、博客帖子、产品详情等核心信息。

在一个 HTML 文档中，main 标签只能出现一次。如果有多个 main 标签，浏览器会忽略除第一个以外的所有 main 标签。

main 标签通常与 header、nav、footer 等其他语义标签一起使用，以构建一个结构清晰且易于理解的网页布局。

5. article 标签

article 标签表示文档、页面、应用程序或站点中的自包含成分所构成的一个页面的一部分，并且这部分专用于独立地分类或复用。例如，一个博客的帖子、一篇文章，一个视频文件等。当 article 内嵌 article 时，里外层的内容应该是相关的，例如，一篇微博和它的评论。

使用 article 标签示例代码如下。

```
<! DOCTYPE html>
<html>
    <head>
        <meta charset="utf-8">
        <title>经典散文</title>
    </head>
    <body>
        <article>
            <h1>时间</h1>
            <p>一切存在严格地说都需要“时间”。时间证实一切，因为它改变一切。气候寒暑，草木枯荣，人从生到死，都不能缺少时间，都从时间上发生作用。</p>
            <p>常说到“生命的意义”或“生命的价值”。其实一个人活下去真正的意义和价值，不过占有几十个年头的时间罢了。生前世界没有他，他是无意义和价值可言的，活到不能再活死掉了，他没有生命，他自然更无意义和价值可言。</p>
            <p>…</p>
        </article>
        <article>
            <h1>一片红叶</h1>
            <p>这是一个凄风苦雨的深夜。</p>
            <p>一切都寂静了，只有雨点落在蕉叶上，淅淅沥沥令人听着心碎。这大概是宇宙的心音吧，它在这人静夜深时候哀哀地泣诉！</p>
            <p>…</p>
        </article>
    </body>
</html>
```

使用浏览器预览，article 标签效果如图 2-22 所示。

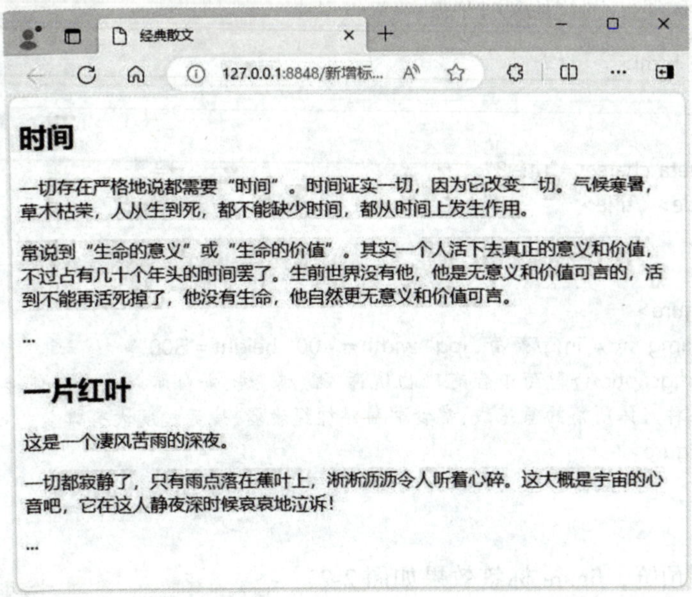

图 2-22　article 标签效果

> **提示**
>
> section 和 article 的区别：section 的作用是对页面上内容进行分块，article 是独立完整的内容。语义上有区别。

6. aside 标签

aside 标签定义 article 内容之外的内容，如侧栏、文章的一组链接、广告、友情链接、相关产品列表等。

aside 标签主要用法如下。

(1) 被包含在<article>标签中作为主要内容的附属信息部分，其中的内容可以是与当前文档有关的参考资料、名词解释等。

(2) 在<article>标签之外使用，作为页面或网站全局的附属信息部分。

7. footer 标签

footer 标签包含了与页面、文章或是部分内容有关的信息，可以作为其上层父级内容区块或是一个根区块的脚注，通常包括其相关区块的脚注信息，例如，文章的作者或是日期。作为页面的页脚，其有可能包含了版权或是其他重要的法律信息。只有当父级是 body 时，才是整个页面的页脚。

8. figure 标签

figure 标签规定独立的流内容(图像、图表、照片、代码等)。该标签的内容应该与主内容相关，但如果被删除，则不应对文档流产生影响。

使用 figure 标签示例代码如下。

```
<! DOCTYPE html>
<html>
    <head>
        <meta charset="utf-8">
        <title></title>
    </head>
    <body>
        <figure>
            <img src="img/葡萄.jpg" width="400" height="300">
            <figcaption>葡萄中含有矿物质钙、钾、磷、铁、蛋白质以及多种维生素 B1. B2. B6. C 和 P 等，还含有多种人体所需的氨基酸，常食葡萄对神经衰弱、疲劳过度大有裨益。</figcaption>
        </figure>
    </body>
</html>
```

使用浏览器预览，figure 标签效果如图 2-23 所示。

图 2-23　figure 标签效果

9. figcaption 标签

figcaption 标签定义 figure 标签的标题，应该被置于 figure 标签的第一个或最后一个子标签的位置。

2.3.2　分组标签

hgroup 标签是将标题和它的子标题进行分组的标签。hgroup 标签一般会把 h2 ~ h7 的元素进行分组，例如在一个内容区块的标题和它的子标题算是一组。通常情况下，文章只有一个主标题时，是不需要 hgroup 标签的。

使用 hgroup 标签的示例代码如下。

```
<article>
  <header>
    <hgroup>
      <h2>文章主标题</h2>
      <h3>文章子标题</h3>
    </hgroup>
    <p><time datetime="2024-10-08">2024 年 10 月 08 日</time></p>
  </header>
  <p>文章正文</p>
</article>
```

2.3.3　页面交互标签

1. progress 标签

progress 标签属于状态交互标签，用来表示页面中的某个任务完成的进度。progress 可在网页中显示一个进度条，该标签有两个属性，属性 max 表示任务总量，默认值为 1；属性 value 表示当前的任务量。

应用中，可以有以下 3 种情况。

(1)用法示例 1

```
<progress max =100 value =20 ></progress>
```

(2)用法示例 2

```
<progress value =0. 5 ></progress>
```

(3)用法示例 3

```
<progress></progress>
```

示例 2 中，没有设置 max 属性，则默认为 1；示例 3 中 max 和 value 的属性都没有设置，则进度条处于左右自由滑动状态。

当进度条需要动态改变时，需要通过 JavaScript 来实现。

2. meter 标签

meter 标签属于状态交互标签，可用于投票系统中候选人各占比例情况、考试分数统计等。该标签的属性见表 2-1。

表 2-1　meter 标签属性

属性	值	说明
form	form_id	规定 meter 元素所属的一个或多个表单
value	number	设置或获取 meter 元素的当前值，其数值必须介于 min 和 max 值之间
max	number	设置 meter 元素的最大值，默认为 1
min	number	设置 meter 元素的最小值，默认为 0
high	number	设置过高的阈值，当 value 值大于 high 并小于 max 时，显示过高的颜色
low	number	设置过低的阈值，当 value 值小于 low 并大于 min 时，显示过低的颜色
optimum	number	设置最优值

使用 meter 标签示例代码如下。

```
<! DOCTYPE html>
<html>
    <head>
        <meta charset="utf-8">
        <title>meter 标签示例 </title>
    </head>
    <body>
        <h2>磁盘使用情况 </h2>
        <meter value="0.6">60% </meter>
    </body>
</html>
```

使用浏览器预览，meter 标签效果如图 2-24 所示。

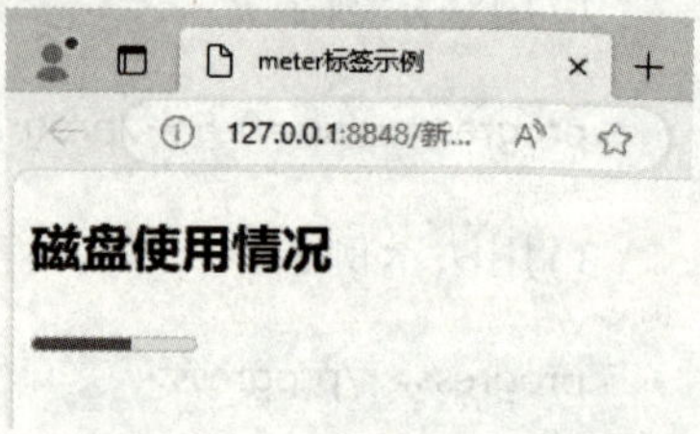

图 2-24　meter 标签效果

3. details 标签和 summary 标签

details 标签用来供用户开启关闭的交互式控件。该标签规定了用户可见的或者隐藏的需求的补充细节。任何形式的内容都能被放在<details>标签里边，该标签的内容对用户是不可见的，除非设置了 open 属性。

summary 为<details>元素定义一个可见的标题。当用户点击标题时会显示出详细信息。<summary> 元素应该是<details>元素的第一个子元素。

使用 details 标签示例代码如下。

```
<! DOCTYPE html>
<html>
    <head>
        <meta charset="utf-8">
        <title></title>
    </head>
    <body>
        <h2>水果介绍 </h2>
        <details>
            <summary>苹果 </summary>
            <p>苹果是一种受欢迎的水果,含有抗氧化剂、维生素、膳食纤维和一系列其他营养
素。由于<p>的营养成分各不相同,可能有助于预防多种健康状况。苹果有多种形状、颜色和口味,
并提供一系列有益于人体健康的多种营养素。例如,它们可能有助于降低患癌症、肥胖症、心脏病、
糖尿病和其他几种疾病的风险。</p>
        </details>
        <details>
            <summary>猕猴桃 </summary>
            <p>猕猴桃果实肉肥汁多,清香鲜美,酸甜可口。它含有丰富的维生素 A、维生素 C、
维生素 E 及钾、镁、纤维素等,还含有其他水果比较少见的营养成分,如叶酸、胡萝卜素、黄体素、氨基
酸、天然肌醇等。</p>
```

```
        </details>
    </body>
</html>
```

使用浏览器预览，details 标签效果如图 2-25 所示。

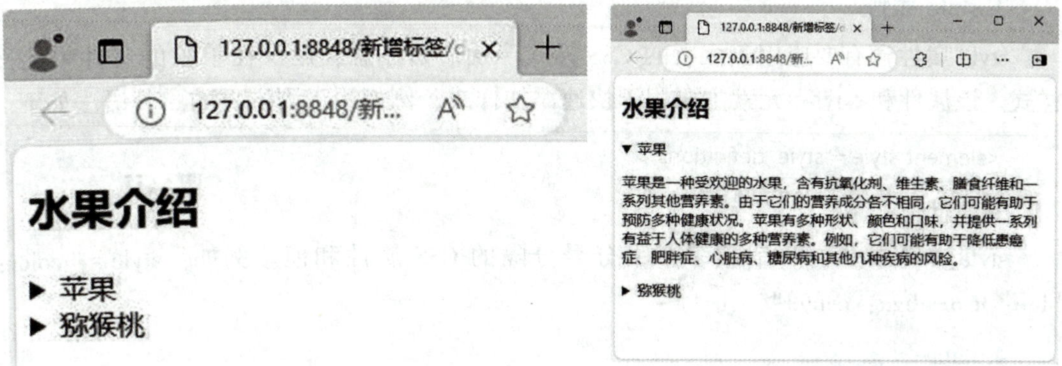

（a）　　　　　　　　（b）

图 2-25　details 标签效果

2.3.4　全局属性

全局属性是所有 HTML 元素共有的属性，可以用于所有元素，即使属性可能对某些元素不起作用。

1. id 属性

id 属性定义唯一标识符（identity document，ID），该标识符在整个文档中必须是唯一的。其目的是在链接（使用片段标识符）、脚本或样式（使用 CSS）时标识元素。其语法如下。

```
<element id ="id">
```

其名称规则如下。

（1）必须以字母 A ~ Z 或 a ~ z 开头。

（2）可以是字母（A ~ Z 和 a ~ z）、数字（0 ~ 9）、冒号（:）、点号（.）和下划线（_）。

（3）值对大小写敏感。

2. class 属性

class 属性是一个以空格分隔的元素的类名列表，它允许 CSS 和 JavaScript 通过类选择器或文档对象模型（document object model，DOM）方法 Document. getElementsByClassName（）来选择和访问特定的元素。其语法如下。

```
<element class ="classname">
```

其中 classname 为属性值，规定元素的类的名称。如需为一个元素规定多个类，用空格分隔类名。其名称规则如下。

(1)必须以字母 A ~ Z 或 a ~ z 开头。

(2)可以是字母(A ~ Z 和 a ~ z)，数字(0 ~ 9)，横杆(~)和下划线(_)。

(3)在 HTML 中，类名是区分大小写的。

3. style 属性

style 属性含有要应用于元素的 CSS 样式声明。请注意，建议在单独的文件中定义样式。该属性和<style>元素主要用于快速添加样式，例如用于测试目的。其语法如下。

```
<element style="style_definitions">
```

其属性值如下。

style_definitions：一个或多个由分号分隔的 CSS 属性和值。例如：style=" color：blue；text-align：center"。

4. data- * 属性

data- * 属性用于存储私有页面后应用的自定义数据，允许在 HTML 和 DOM 表示之间交换专有信息，可由脚本使用。所有这些自定义数据属性都可以通过所属元素的 HTML Element 接口来访问。通过 HTML Element. dataset 属性可以访问它们。

data- * 属性由以下两部分组成。

(1)属性名不要包含大写字母，在 data-后必须至少有一个字符。

(2)该属性可以是任何字符串。

5. draggable 属性

draggable 属性规定元素是否可拖动。其语法如下。

```
<element draggable="true|false|auto">
```

它的属性取值如下。

(1)true：表明元素可被拖动。

(2)false：表明元素不可被拖动。

(3)auto：使用浏览器的默认特性。

提示

链接和图像默认是可拖动的。

使用 draggable 属性示例代码如下。

```
<! DOCTYPE html>
<html>
    <head>
        <meta charset="utf-8">
```

```
            <title></title>
        </head>
        <body>
            <h2>可拖动元素</h2>
            <div draggable="true" style="width: 100px; height: 100px; background-color: red;">
</div>
            <h2>不可拖动元素</h2>
            <div draggable="false" style="width: 100px; height: 100px; background-color: blue;">
</div>
        </body>
    </html>
```

使用浏览器预览，draggable 属性效果如图 2-26 所示。第一个 div 元素具有 draggable="true"属性，因此它是可拖动的。第二个 div 元素具有 draggable="false"属性，因此，它是不可拖动的。

6. contenteditable 属性(HTML5 新属性)

contenteditable 属性是一个枚举属性，表示元素是否可被用户编辑。当元素中没有设置 contenteditable 属性时，元素将从父元素继承。如果可以，浏览器会调整元素的部件以允许编辑。其语法如下。

```
<element contenteditable="true|false">
```

该属性必须是下列值之一。

(1) true 或者空字符串，表明元素是可被编辑的。

(2) false 表明元素不能被编辑。

使用 contenteditable 属性示例代码如下。

```
<! DOCTYPE html>
<html>
    <head>
        <meta charset="utf-8">
        <title></title>
    </head>
    <body>
        <h2>可编辑段落</h2>
        <p contenteditable="true">懦弱的人只会裹足不前,莽撞的人只能引火烧身,只有真
正勇敢的人才能所向披靡。</p>

        <h2>不可编辑段落</h2>
        <p>懦弱的人只会裹足不前,莽撞的人只能引火烧身,只有真正勇敢的人才能所向披
靡。</p>
    </body>
</html>
```

使用浏览器预览，contenteditable 属性效果如图 2-27 所示。第一个段落具有 contenteditable="true" 属性，因此它是可编辑的。第二个段落没有 contenteditable 属性，因此它是不可编辑的。

图 2-26　draggable 属性效果

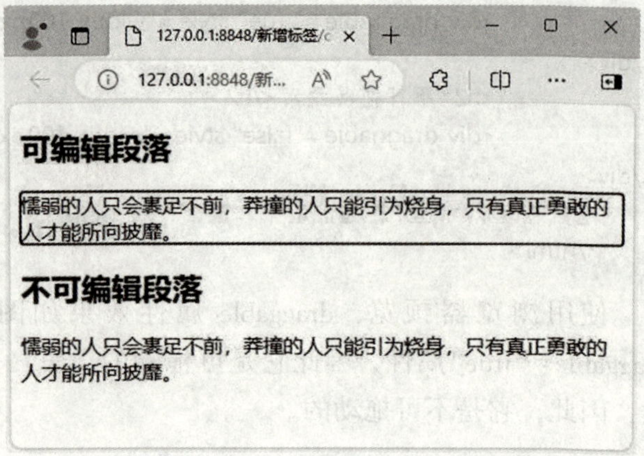

图 2-27　contenteditable 属性效果

7. dropzone 属性

dropzone 属性规定当被拖动的数据在拖放到元素上时，是否被复制、移动或链接。其语法如下。

```
<element dropzone="copy|move|link">
```

其属性取值如下。

(1) copy：拖动数据会导致被拖数据产生副本。

(2) move：拖动数据会导致被拖数据移动到新位置。

(3) link：拖动数据会生成指向原始数据的链接。

8. hidden 属性

hidden 属性对元素进行隐藏。例如，它可以用来隐藏页面中的元素，这些元素在登录过程完成之前不能使用。浏览器不会渲染这样的元素，这个属性不能用来隐藏可以合法显示的内容。可以对 hidden 属性进行设置，使用户在满足某些条件时才能看到某个元素(如选中复选框等)。然后，可使用 JavaScript 来删除 hidden 属性，使该元素变得可见。

9. spellcheck 属性

spellcheck 属性定义是否可以检查元素是否存在拼写错误，可对类型为 text 的 input 元素中的值(非密码)、textarea 元素中的值和可编辑元素中的值进行拼写检查。其语法如下。

```
<element spellcheck="true|false">
```

其属性值如下。

(1) true 或空字符串：表示如果可能，应检查元素是否存在拼写错误。

(2) false：表示不应检查元素的拼写错误。

案例　制作影视剧网页

图 2-28　影视剧网页效果

随着互联网技术和多媒体内容的快速发展，线上观影已成为许多人日常娱乐生活的一部分。通过科学合理的标签使用和巧妙的交互设计，充分展现 HTML5 在多媒体内容呈现上的优势，从而吸引并留住用户，提升网站流量和口碑。最终效果如图 2-28 所示。

制作影视剧网页

(1) 在 HBuilderX 中新建普通项目，命名为 film，在项目类别中选择“基本 HTML 项目”模板。

(2) 在新建的 film 项目上右击，在弹出的快捷菜单中选择“新建”→“html 文件”，打开“新建 html 文件”对话框，输入名称为 movies. html，单击“创建”按钮。

(3) 单击 movies. html 文件进入代码编辑窗口。在<title></title>标签中设置网页标题为“热播影视剧推荐”。

```
<head>
    <meta charset="UTF-8">
    <title>热播影视剧推荐</title>
</head>
```

(4) 在<body></body>标签中添加<header></header>标签，并在<header>标签中添加一级标题和<nav>标签定义导航链接。

```
<header>
        <h1>热播影视剧推荐</h1>
        <nav>
            <ul>
                <li><a href="#latest">最新剧集</a></li>
                <li><a href="#popular">热门推荐</a></li>
                <li><a href="#drama">电视剧</a></li>
                <li><a href="#movie">电影</a></li>
            </ul>
        </nav>
</header>
```

(5)继续在<body></body>标签中添加一组<main></main>标签，并在<main>标签中添加一组<section></section>标签放置第一个部分内容“最新剧集”，以及插入二级标题“最新剧集”。

```
<main>
    <section id="latest">
    <h2>最新剧集</h2>
  </section>
</main>
```

(6)在上一步骤中的<section>标签中继续插入<article></article>标签用来放置第一部影片，并设置全局属性 data-id 来存储特定的数据，以及插入海报图片和播放按钮。

```
<div class="container">
        <article data-id="episode1">
            <h3>井冈山</h3>
            <img src="img/jinggangshan.jpg" alt="剧集 1 海报">
            <p>剧情简介...</p>
            <button onclick="playEpisode('episode1')">立即观看</button>
        </article>
        <article data-id="episode2">
            <h3>觉醒年代</h3>
            <img src="img/juexingniandai.jpg" alt="剧集 1 海报" >
            <p>剧情简介...</p>
            <button onclick="playEpisode('episode1')">立即观看</button>
        </article>
</div>
```

(7)在<main>标签中再添加一组<section></section>标签放置“热门推荐内容”。

```
<section id="popular">
    --><!-- 热门推荐内容
        <h2>热门推荐</h2>
        <article data-id="episode3" class="episode">
            <h3>战狼 2</h3>
            <img src="img/zhanlang2.jpg" alt="战狼 2">
            <p>剧情简介...</p>
            <button onclick="playEpisode('episode3')">立即观看</button>
        </article>
</section>
```

(8)仿照步骤(6)在<main>标签中再添加两组<section></section>标签，id 分别设置为“drama”和“movie”。

```
<section id="drama">
    <!--电视剧内容-->
</section>
```

```
<section id="movie">
    <! --电影内容 -->
</section>
```

(9)最后在<body>标签中继续放置一组<script></script>标签，并为之前步骤中的按钮点击事件定义函数，实现交互。

```
<script>
  function playEpisode(id) {
    //这里可以根据 ID 触发相应的播放逻辑,如跳转到播放页面等
    console.log(`开始播放剧集 ID 为$ {id}的影视剧`);
  }
</script>
```

任务评价

评价内容	评价标准	分值	学生自评	老师评估
语义化标签	掌握各种语义化标签	25		
分组标签	掌握分组标签	5		
页面交互标签	掌握页面交互标签	15		
全局属性	掌握各种全局数据	25		
制作影视剧网页	会制作影视剧网页	30		
总分		100		

项目小结

本项目首先介绍了 HTML5 的基本文档结构，包括<! DOCTYPE html>、<html>、<head>和<body>标签，详细讲解了标题、段落、换行、水平线和字体样式等基本标签的使用方法，还涵盖了无序列表、有序列表和自定义列表的创建方法。其次介绍了图像类型、图像标签、路径分类、超链接标签以及表格的创建和样式设置。最后介绍了 HTML5 的语义化标签、分组标签和页面交互标签，以及全局属性的概念，并通过案例展示了如何应用这些知识制作校史馆参观须知网页、家乡美食及制作流程展示网页和影视剧网页。通过本项目的学习，读者能够掌握 HTML5 标签的使用方法，并将其运用到网页制作中。

项 目 习 题

一、选择题

1. 下面选项中是段落标签的是(　　)。

A. <pre>　　B. <hr>

C.
　　D. <p>

2. 在 HTML 中，下面选项是超链接标签的是(　　)。

A. <a>... </a>

B. <img>... </img>

C. <font>... </font>

D. <p>... </p>

3. 在下列的 HTML 中，哪个可以插入图像？(　　)

A. <img href="image. gif">

B. <image src="image. gif">

C. <img src="image. gif">

D. <img>image. gif</img>

4. 下面选项中是语义化标签的是(　　)。

A. header　　B. hgroup

C. section　　D. accesskey

5. 下面选项中可以定义网页的侧栏、文章的一组链接、广告、友情链接、相关产品列表等的标签是(　　)。

A. header

B. nav

C. progress

D. aside

二、问答题

1. HTML5 文档格式包括哪些标签？

2. 序列标签包括哪几类？

3. 什么是超链接？链接分为哪几类？

4. 什么是 HTML 语义化标签？

5. 列举 HTML5 中全局属性有哪些？

三、操作题

1. 制作问卷调查网页

提示：

使用基本标签和序列标签制作如图 2-29 所示的问卷调查网页。

2. 制作学校网页

提示：

使用语义化标签、图像标签、页面交互标签制作如图 2-30 所示的学校网页。

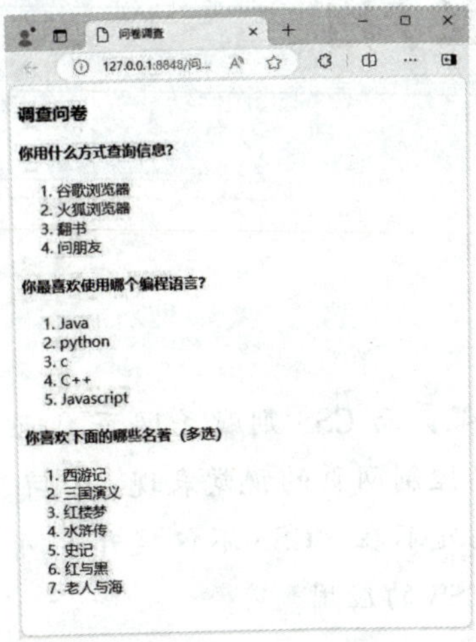

图 2-29　问卷调查网页

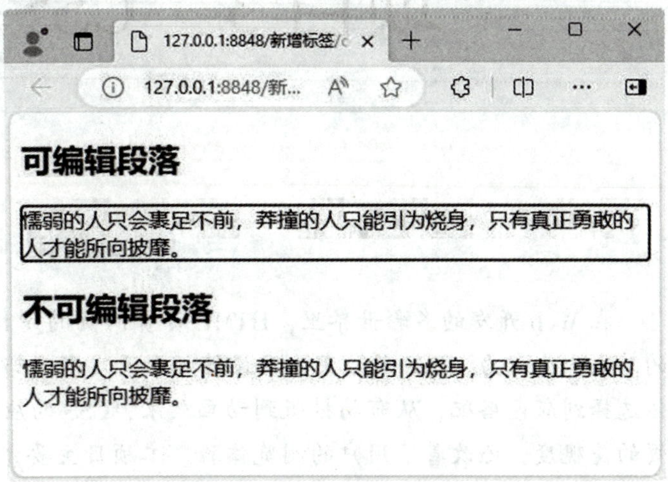

图 2-30　学校网页

项目3　CSS应用

项目导读

在Web开发的多彩世界里，HTML负责网页的结构骨架，而CSS则赋予网页美丽的外表和生命力。CSS的应用，让设计师和开发者能够精确控制网页的视觉表现，从字体选择到颜色搭配，从布局排版到动画效果，CSS的应用无处不在。CSS不仅提升了网页的美观度，还改善了用户的浏览体验。本项目主要介绍CSS的应用。

学习目标

◆ **知识目标**

- 了解CSS的基本语法、属性和样式分类。
- 掌握各种选择器的语法和属性。

◆ **技能目标**

- 掌握在HTML中使用CSS的方法。
- 熟练使用各种选择器。
- 掌握制作美文赏析网页及名人故事网页。

◆ **素质目标**

- 通过学习CSS基础，学生能够理解网页设计的美学原则，提升个人的审美素养。
- 通过学习CSS选择器，培养学生逻辑思维和分析问题的能力。

思政目标

- 培养学生对用户负责、对社会负责的责任意识。
- 培养学生的综合素质，树立正确的价值观和世界观。

任务 1　CSS 基本知识

任务描述

CSS 提供了丰富的字体属性，允许开发者设置文本的字体、大小、粗细、颜色等样式，从而增强网页的可读性和视觉吸引力。

任务分析

通过本任务的学习，读者能了解 CSS 的概念、作用，掌握 CSS 的基本语法和基本属性，灵活运用 CSS 的 3 种样式，最后利用所学知识制作美文赏析网页。

任务重点与实施

层叠样式表(CSS)是一种用来表现 HTML 或 XML 等文件样式的计算机语言。

CSS 不仅可以静态地修饰网页，还可以配合各种脚本语言动态地对网页各元素进行格式化。CSS 能够对网页中元素位置的排版进行像素级精确控制，支持几乎所有的字体、字号样式，拥有对网页对象和模型样式编辑的能力。

CSS 的样式定义了如何显示 HTML 元素，主要包括文字文本、盒模型、定位等。CSS 的规则由两个主要的部分构成：选择器，以及一条或多条声明。选择器通常是用户需要改变样式的 HTML 元素；每条声明由一个属性和一个值组成。

此外，CSS 还支持多种注释，用于提高代码的可读性。CSS 的版本经历了多次更新和改进，发展成现在的 CSS3。CSS3 在 CSS2.1 版本上加入了一些新特性，例如圆角图片、边框、文字阴影和盒子阴影等，不仅能简化前端开发工作人员的设计过程，还能加快页面载入速度。

3.1.1　CSS 基本语法

CSS 规则由两个主要的部分构成：选择器，以及一条或多条声明。其基本语法如下。

```
选择器{
属性值 1:值 1;
属性值 2:值 2;
…
属性值 n:值 n;
}
```

选择器通常是用户需要改变样式的 HTML 元素。

每条声明由一个属性和一个值组成。

属性(attribute)是用户希望设置的样式属性(style attribute)。每个属性有一个值。

属性和值被冒号分开。而声明块用花括号括起来。

图 3-1 为应用 CSS 规则的示例，其中 h1{color：red；font-size：14px}应用了 h1 元素，指定一级标题样式为红色 14 像素大小。

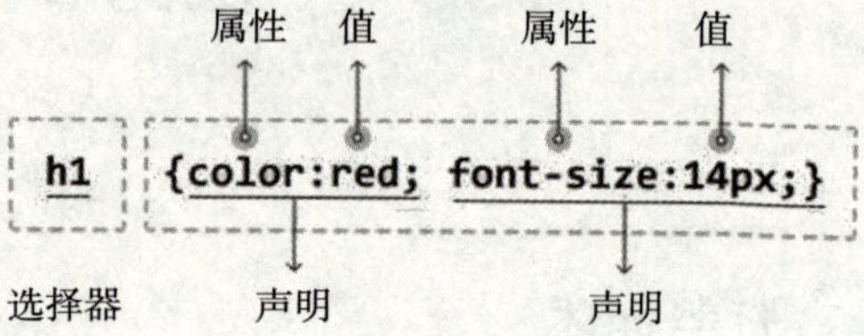

图 3-1 CSS 规则示例

3.1.2 CSS 基本属性

CSS 的属性按照相关功能进行了分组，包括字体、文本、背景、列表、动画等。

1. 字体属性

字体属性包括大小、样式、粗细等，具体见表 3-1。

表 3-1 字体属性

属性	说明
font	简写属性。把所有针对字体的属性设置在一个声明中
font-size	设置字体的尺寸。常用单位为像素(px)
font-style	设置字体风格。normal 为正常；italic 为斜体；oblique 为倾斜
font-weight	设置字体的粗细。normal 为正常；lighter 为细体；bold 为粗体；bolder 为特粗体
font-family	设置字体系列。如“隶书”等，当指定多种字体时，用逗号分隔，如果浏览器不支持第一个字体，则会尝试下一个字体；当字体由多个单词组成时由双引号括起来

2. 文本属性

文本属性包括文本颜色、文本方向、阴影效果、大小写、文本缩进、对齐方式等，具体见表 3-2。

表 3-2 文本属性

属性	说明
text	设置文本颜色
text-direction	设置文本方向
letter-spacing	设置字符间距，就是字符与字符之间的空白。其属性值可以为不同单位的数值，并且允许使用负值，默认值为 normal
line-height	设置行高，单位为像素。此属性在用于进行文字垂直方向对齐时，属性值与 height 属性值的设置相同
text-align	设置文本内容的水平对齐方式。left 为左对齐(默认值)，center 为居中对齐，right 为右对齐
text-decoration	向文本添加修饰。none 为无修饰(默认值)，underline 为下划线，overline 为上划线，line-through 为删除线
text-overflow	设置对象内溢出的文本处理方法。clip 为不显示溢出文本，ellipsis 为用省略标记“…”标示溢出文本
text-indent	设置首行文本的缩进
text-transform	控制文本转换。none 为不转换(默认值)，capitalize 为首字母大写。uppercase 为全部字符转换成大写，lowercase 为全部字符转换成小写
text-shadow	设置文本阴影
word-spacing	设置字间距。只针对英文单词
white-spacing	设置元素中空白的处理方式

3. 背景属性

背景属性主要用于设置对象的背景颜色、背景图片、背景图片的重复性、背景图片的位置等，具体见表 3-3。

表 3-3 背景属性

属性	说明
background	简写属性。将背景的所有属性设置在一个声明中
background-attachment	设置背景图像是否固定或者随着页面的其余部分滚动。scroll 指背景图像随内容滚动；fixed 指背景图像不随内容滚动
background-color	设置元素的背景颜色(不能继承，默认值是 transparent“透明”)
background-image	把图像设置为背景
background-position	设置背景图像的起始位置。left 为水平居左，right 为水平居右，center 为水平居中或垂直居中，top 为垂直靠上，bottom 为垂直靠下或精确的值

（续表）

属性	说明
background-repeat	设置背景图像是否/如何平铺。repeat-x 为横向平铺；repeat-y 为纵向平铺；norepeat 为不平铺；repeat 为平铺背景图片，该值为默认值
background-size	指定背景图像的大小

4. 边框属性

边框属性可以设置对象边框的颜色、样式以及宽度。在使用对象的边框属性之前必须先设定对象的高度和宽度，具体见表 3-4。

表 3-4　边框属性

属性	说明
border	简写属性。将边框的所有属性设置在一个声明中
border-width	单独设置边框宽度
border-style	单独设置边框样式
border-color	单独设置边框颜色
border-bottom	设置底部边框的宽度、样式和颜色
outline	设置轮廓的所有四个边的宽度、样式和颜色
outline-color	设置轮廓的颜色
outline-offset	设置轮廓和元素边框之间的空间
outline-style	设置轮廓样式
outline-width	设置轮廓的宽度

5. 列表属性

列表属性可以设置列表标记的图像、位置以及样式等，具体见表 3-5。

表 3-5　列表属性

属性	说明
list-style	定义列表和列表元素的显示样式
list-style-image	指定用作列表项标记的图像
list-style-position	指定列表项标记的位置
list-style-type	指定列表项标记的样式

6. 尺寸属性

尺寸属性可以设置元素的宽度、高度以及最大、最小高度和宽度，具体见表 3-6。

表 3-6　尺寸属性

属性	说明
height	指定元素的高度
max-height	指定元素的最大高度
min-height	指定元素的最小高度
width	指定元素的宽度
max-width	指定元素的最大宽度
min-width	指定元素的最小宽度

3.1.3　CSS 样式分类

根据 CSS 在 HTML 中的使用方法和作用范围不同，CSS 样式类型分为内联式、嵌入式和外链式 3 类。

1. 内联式

内联式也叫行内样式，是 CSS 使用方法中最为直接的一种，它的实现是借用 HTML 标记的全局属性 style，直接在 HTML 标记中加入了 style 属性，然后把 CSS 代码直接写入其中。其基本语法如下。

```
<标记 style="样式的属性名 1:样式的属性值 1;属性名 2:属性值 2;……"></标记>
```

通过这种方法，可以很简单地对某个元素单独定义样式，它没有样式表文件，书写方便，但是它只能操作某一个标签，没有实现样式和结构相分离，多个元素难以共享样式，不利于代码重复，而且 HTML 和 CSS 代码混杂，不利于程序员和搜索引擎阅读。

使用内联式示例代码如下。

```
<! DOCTYPE html>
<html>
    <head>
        <meta charset="utf-8">
        <title></title>
    </head>
    <body>
        <h1 style="color:red;font-size:30px;">天行健，君子以自强不息。</h1>
    </body>
</html>
```

使用浏览器预览，预览效果如图 3-2 所示。

图 3-2　预览效果

2. 嵌入式

嵌入式也叫内部样式表，它是将样式放在 HTML

文档的 head 头部标签中，并且用 style 标签定义，其基本语法如下。

```
<head>
    <style type="text/css">
        选择器{属性 1:属性值 1;属性 2:属性值 2;…}
    </style>
</head>
```

通过这种方法初步实现了结构与样式的分离，比较适合单页面网站应用，但是由于内部样式表是写在 HTML 文件中的，导致页面不纯净、文件体积大、不利于网络爬虫获取信息、不利于维护、页面之间无法共享样式。

使用嵌入式示例代码如下。

```
<! DOCTYPE html>
<html>
    <head>
        <meta charset="utf-8">
        <title></title>
        <style type="text/css">
          h1{
            color:red;font-size:30px;
            }
        </style>
    </head>
    <body>
        <h1>天行健,君子以自强不息。</h1>
    </body>
</html>
```

使用浏览器预览，预览效果如图 3-2 所示。

3. 外链式

外链式也叫外部样式表，它是将所有的样式放在一个或多个以 . css 为扩展名的外部样式表文件中，通过<link>标签将外部样式表文件链接到 HTML 文档中。其基本语法如下。

```
<head>
    <link href="css 文件的路径" rel="stylesheet" type="text/css"/>
</head>
```

其属性说明如下。

(1) href：定义所链接外部样式表文件的 URL，可以是相对路径，也可以是绝对路径。

(2) rel：定义当前文档与被链接文档之间的关系，在这里需要指定为“stylesheet”，表示被链接的文档是一个样式表文件。

(3) type = "text/css"：通知浏览器要加载一个 CSS 文件。

在使用外链式时，需要先定义一个单独 CSS 文件，这样就可以多个 HTML 文件引用一个 CSS 样式表文件，所以当 CSS 样式表文件修改时，所有引用该样式表的页面都随之改变，不仅减少重复的工作，还方便修改，浏览时也减少重复下载代码。

使用外链式示例如下。

(1) 创建一个 CSS 文件 (style. css)。

```
h1{
    color:red; font-size:30px;
}
```

(2) 在 HTML 文件中引入 CSS 文件。

```
<! DOCTYPE html>
<html>
    <head>
        <meta charset="utf-8">
        <title></title>
        <link type="text/css" rel="stylesheet" href="style. css"/>
    </head>
    <body>
        <h1>天行健,君子以自强不息。</h1>
    </body>
</html>
```

使用浏览器预览，预览效果如图 3-2 所示。

案例　制作美文赏析网页

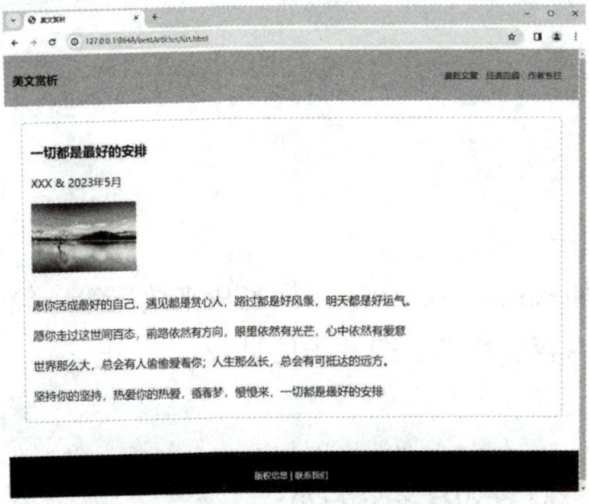

图 3-3　美文赏析网页效果

在数字化教育和文化传播日益普及的今天，美文赏析类网页成为了推广文学作品、陶冶情操的重要载体。通过 HTML5 和 CSS，创建一个结构合理、样式优美、响应灵敏且具有一定交互性的美文赏析网页，以此来提升用户在阅读过程中的舒适度和沉浸感。同时，通过灵活运用不同 CSS 引入方法，保证网页的扩展性和可维护性。最终效果如图 3-3 所示。

制作美文赏析网页

(1) 在 HBuilderX 中新建普通项目，命名为 bestArticles，在项目类别中选择“基本 HTML 项目”模板。

(2)在 bestArticles 项目上右击，在弹出的快捷菜单中选择“新建”→“html 文件”，打开“新建 html 文件”对话框，输入名称为 list. html，单击“创建”按钮。

(3)单击 list. html 文件进入代码编辑窗口。在<title></title>标签中设置网页标题为“美文赏析”并引入外部 CSS 样式表。

```
<head>
    <meta charset="utf-8">
    <title>美文赏析</title>
    <!-- 引入外部 CSS 样式表 -->
    <link rel="stylesheet" href="css/styles. css">
</head>
```

(4)在<body></body>标签中，添加<header></header>标签。并在<header>标签内添加一级标题和<nav>标签定义导航链接。这里通过内联样式的方式设置一级标题颜色和字体大小。

```
<header>
    <!-- 内联样式 -->
    <h1 style="color: #333; font-size: 22px;">美文赏析</h1>
    <nav>
        <ul>
            <li><a href="#">最新文章</a></li>
            <li><a href="#">经典回顾</a></li>
            <li><a href="#">作者专栏</a></li>
        </ul>
    </nav>
</header>
```

(5)继续在<body></body>标签中，添加<main></main>标签。并在<main>标签中添加一组<section></section>标签。

```
<main>
    <section class="article-container">
    </section>
</main>
```

(6)在上一步骤中的<section>标签中添加<article></article>标签用来放置第一篇美文，并在<article>标签中设置文章的标题、内容、作者、图片等信息。

```
<article>
    <h1 style="color: #333; font-size: 25px;" >一切都是最好的安排</h1>
    <p style="color: #333; font-size: 21px;" >XXX & 2023 年 5 月</p>
<img src="img/cover-image. jpg" alt="美文封面" class="cover-image">
    <div class="content">
        <p>愿你活成最好的自己,遇见都是赏心人,路过都是好风景,明天都是好运气。</p>
```

```
            <p>愿你走过这世间百态，前路依然有方向，眼里依然有光芒，心中依然有爱意</p>
            <p>世界那么大，总会有人偷偷爱着你；人生那么长，总会有可抵达的远方。</p>
            <p>坚持你的坚持，热爱你的热爱，循着梦，慢慢来，一切都是最好的安排</p>
            <!-- 美文具体内容，可以使用<p>、<blockquote>、<h3>等标签进行排版 -->
        </div>
    </article>
    <!--更多美文按照相同结构添加-->
```

(7)在<body>标签中添加一组<footer></footer>标签。

```
<footer>
    <p>版权信息 | 联系我们</p>
</footer>
```

(8)在 bestArticles 项目的 CSS 文件夹上右击，在弹出的快捷菜单中选择“新建”→“css 文件”，打开“新建 CSS 文件”对话框，命名为 styles. css，单击“创建”按钮。

(9)单击步骤(8)中新建的 styles. css 文件打开代码编辑窗口，设置页面的基础样式和页头样式。

```
/* 基础样式设定 */
body {
    font-family: "微软雅黑", Arial, sans-serif;
    line-height: 1.6;
    color: #333;
    margin: 0;
    padding: 0;
}
/* 页头样式 */
header {
    background-color: #f8f8f8;
    padding: 1rem;
    display: flex;
    justify-content: space-between;
    align-items: center;
}
nav ul {
    list-style: none;
    display: flex;
}
nav li {
    margin-right: 1rem;
}
```

(10)继续在 styles. css 文件中，设置页面其他样式如主题内容区域样式、文章样式、底部样式。

```
/* 主体内容区域 * /
main {
    padding: 2rem;
}
. article- container {
    margin- bottom: 2rem;
}

/* 文章样式 * /
article {
    border: 1px solid #ccc;
    border- radius: 5px;
    padding: 1rem;
}
. cover- image {
    width: 20%;
    height: 20%;
    margin- bottom: 1rem;
}
. content p {
    margin- bottom: 1rem;
}
/* 底部样式 * /
footer {
    background- color: #333;
    color: #fff;
    padding: 1rem;
    text- align: center;
}
```

任务评价

评价内容	评价标准	分值	学生自评	老师评估
CSS 的基本语法	掌握 CSS 的基本语法	15		
CSS 基本属性	掌握 CSS 基本属性	25		
CSS 样式分类	掌握各种 CSS 样式的应用	30		
制作美文赏析网页	熟练制作美文赏析网页	30		
总分		100		

任务2　选 择 器

任务描述

选择器为开发者提供了强大而灵活的工具来控制和操作网页中的 HTML 元素。通过合理运用各种选择器，开发者可以实现精确的样式控制、高效的代码重用以及丰富的交互效果。

任务分析

通过本任务的学习，读者能掌握 ID 选择器、标签选择器、类选择器以及伪类选择器的基本语法，掌握复合选择器中各个选择的基本语法和属性，掌握通配符选择器的基本语法和用法，最后利用所学知识制作“名人故事”网页。

任务重点与实施

3.2.1　id 选择器

id 选择器是一种只针对某一个标签的、唯一性的选择器，它不像标签和类选择器那样，可以设定多个标签的 CSS 样式。在 HTML 文档中不允许 2 个标签使用同一个 ID。在创建 id 选择器时，需要在选择器名称前面添加“井号”(#)，其基本语法如下。

```
#id 名{属性 1:值 1;属性 2:值 2;…}
```

使用 id 选择器示例代码如下。

```
<! DOCTYPE html>
<html>
    <head>
        <meta charset="utf-8">
        <title>id 选择器</title>
        <style type="text/css">
            P{font-size:30px;}
            * #text1{color:red;}
            * #text2{color:blue;}
        </style>
    </head>
    <body>
```

```
        <p id ="text1">人生的旅途，前途很远，也很暗。</p>
        <p id ="text2">然而不要怕，不怕的人的面前才有路。</p>
    </body>
</html>
```

使用浏览器预览，id 选择器效果如图 3-4 所示。

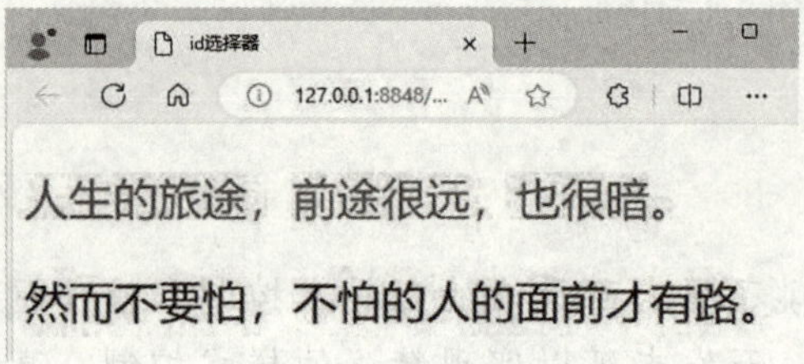

图 3-4　id 选择器效果

3.2.2　标签选择器

HTML 文档中最基本的构成是 HTML 标记，如果要对文档中的所有同类标记都使用同一个 CSS 样式，就应使用标记选择器。基本语法如下。

```
标记名{属性 1:值 1;属性 2:值 2;…}
```

语法说明如下。

标记选择器直接使用 HTML 标记名作为选择器，影响文档中所有的该标记。

例如，需要将<p>元素设置为 20 px 的红色字体，只需要在 CSS 文件中定义代码。

```
p{fone- size:20px;color:red}
```

如果在网页中引用上述样式表，则页面中所有段落元素 p 都将受到这种样式的控制文字都显示为 20 px 的红色，除非对其另外设置样式。

3.2.3　类选择器

如果使用标签选择器来设置<p>样式，那么<p>标签中的内容样式都会跟着改变。但是，如果网页中的三个段落，一个是棕色，一个是青色，一个是蓝色，显然用标记选择器不合适，要解决这个问题，就需要用到其他选择器，例如，类选择器。

类选择器用于为一组具有相同特性或需要应用相同样式的元素定义样式规则。通过使用类选择器，开发者可以更加灵活和高效地控制网页的外观和布局，其基本语法如下。

```
标记名．类名{属性 1:值 1;属性 2:值 2;…}
```

类名可以是任何合法的字符，如果对所有的标记均可使用，则采用“＊．类名”的形式，这里“＊”表示全部，也可以省略。

使用类选择器示例代码如下。

```
<! DOCTYPE html>
<html>
    <head>
        <meta charset="utf-8">
        <title>类选择器</title>
        <style type="text/css">
            p{font-size:30px;}
            * . text1{color:red;}
            . text2{color:blue;}
            p. text3{background-color:pink;}
        </style>
    </head>
    <body>

        <p class="text1">古之立大事者,</p>
        <p class="text2">不惟有超世之才,</p>
        <p class="text3">亦必有坚忍不拔之志。</p>
    </body>
</html>
```

使用浏览器预览，选择效果如图 3-5 所示。该实例中使用了 3 种类型的类选择来定义<p>元素的文本。

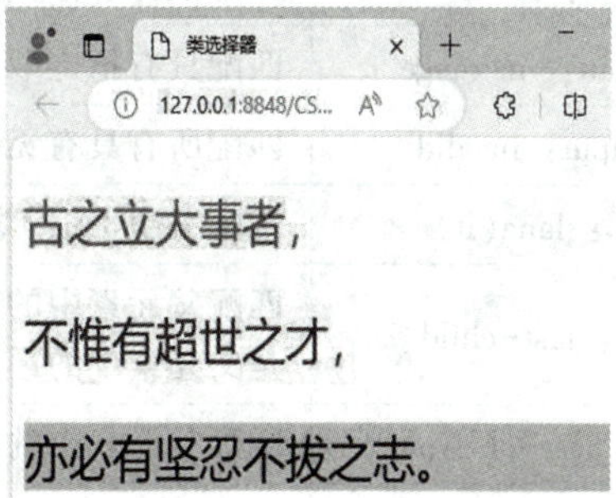

图 3-5　类选择器效果

3.2.4　伪类选择器

伪类选择器用于向某些选择器添加特殊的效果，例如给链接添加特殊效果，可以选择第 1 个、第 n 个元素。

伪类选择元素基于当前元素所处的状态，或元素当前所具有的特性，而不是元素的 id、class、属性等静态的标志。由于状态是动态变化的，所以一个元素达到一个特定状态时，它可能得到一个伪类的样式。

当状态改变时，它又会失去这个样式。由此可以看出，它的功能和 class 有些类似，但它是基于文档之外的抽象，所以叫伪类。

伪类的名称不区分大小写，但需要以冒号(:)开头。另外，伪类需要与 CSS 中的选择器结合使用，语法格式如下。

```
选择器:伪类{属性 1:值 1;属性 2:值 2;…}
```

CSS 中提供了各种各样的伪类，具体见表 3-7。

表 3-7　伪类

选择器	示例	示例说明
active	a：active	匹配被点击的链接
checked	input：checked	匹配处于选中状态的<input>元素
disabled	input：disabled	匹配每个被禁用的<input>元素
empty	p：empty	匹配任何没有子元素的<p>元素
enabled	input：enabled	匹配每个已启用的<input>元素
first-child	p：first-child	匹配父元素中的第一个子元素<p>，<p>必须是父元素中的第一个子元素
first-of-type	p：first-of-type	匹配父元素中的第一个<p>元素
focus	input：focus	匹配获得焦点的<input>元素
hover	a：hover	匹配鼠标悬停其上的元素
in-range	input：in-range	匹配具有指定取值范围的<input>元素
invalid	input：invalid	匹配所有具有无效值的<input>元素
lang(language)	p：lang(it)	匹配每个 lang 属性值以"it"开头的<p>元素
last-child	p：last-child	匹配父元素中的最后一个子元素<p>，<p>必须是父元素中的最后一个子元素
last-of-type	p：last-of-type	匹配父元素中的最后一个<p>元素
link	a：link	匹配所有未被访问的链接
not(selector)	：not(p)	匹配每个非<p>元素的元素
nth-child(*n*)	p：nth-child(2)	匹配父元素中的第二个子元素<p>
nth-last-child(*n*)	p：nth-last-child(2)	匹配父元素的倒数第二个子元素<p>
nth-last-of-type(*n*)	p：nth-last-of-type(2)	匹配父元素的倒数第二个子元素<p>
nth-of-type(*n*)	p：nth-of-type(2)	匹配父元素的第二个子元素<p>
only-of-type	p：only-of-type	匹配父元素中唯一的<p>元素
only-child	p：only-child	匹配父元素中唯一的子元素<p>
optional	input：optional	匹配不带"required"属性的<input>元素
out-of-range	input：out-of-range	匹配值在指定范围之外的<input>元素

（续表）

选择器	示例	示例说明
read-only	input：read-only	匹配指定了"readonly"属性的<input>元素
read-write	input：read-write	匹配不带"readonly"属性的<input>元素
required	input：required	匹配指定了"required"属性的<input>元素
root	root	匹配元素的根元素，在 HTML 中，根元素永远是 HTML
target	#news：target	匹配当前活动的#news 元素(单击包含该锚名称的 URL)
valid	input：valid	匹配所有具有有效值的<input>元素
visited	a：visited	匹配所有已经访问过的链接

使用类选择器示例代码如下。

```
<! DOCTYPE html>
<html>
    <head>
        <meta charset="utf-8">
        <title>伪类选择器</title>
        <style>
            ul li:first-child {
                color: red;
            }
</style>
    </head>
    <body>
        <ul>
            <li>日日行,不怕千万里;</li>
            <li>常常做,不怕千万事。</li>
        </ul>
    </body>
</html>
```

使用浏览器预览，伪类选择器效果如图 3-6 所示。该示例中使用了伪类选择器中的：first-child 来定义 ul 元素中的第一个 li 元素中的文本颜色为红色。

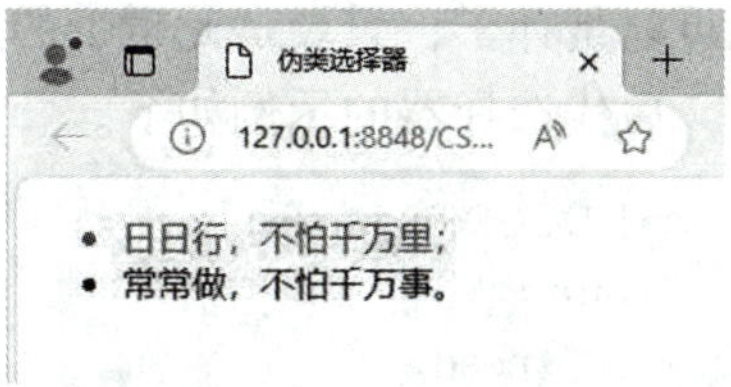

图 3-6　伪类选择器效果

3.2.5　伪元素选择器

伪元素选择器是 CSS 中一种强大的工具，用于在文档树中不存在的元素上应用样式。它们通常用于在元素的前后插入内容或修改特定部分的样式，而不需要更改 HTML 结构。

伪元素选择器允许开发者对页面的某些部分进行精确的样式控制，而这些部分在 HTML 结构中并不存在。

常见的伪元素选择器包括::before、::after、::first-letter、::first-line 和::selection 等。

(1)::before：在元素内部的前面插入内容。常通过 content 属性来为一个元素添加修饰性的内容，此元素默认为行内元素。

(2)::after：在元素内部的后面插入内容。同样需要配合 content 属性使用，且默认为行内元素。

(3)::first-letter：选中某块级元素第一行的第一个字母，并对其应用样式。

(4)::first-line：在某块级元素的第一行应用样式。

(5)::selection：应用于文档中被用户高亮的部分(如使用鼠标或其他设备选中的部分)。

伪元素选择器的基本语法如下。

```
selector::pseudo-element {
/* 添加的样式 * /
property: value;
}
```

其中，selector 是基础选择器或复合选择器，pseudo-element 是伪元素名称。

3.2.6 复合选择器

在 CSS 中，可以根据选择器的类型把选择器分为基础选择器和复合选择器，复合选择器是建立在基础选择器之上，对基本选择器进行组合形成的。复合选择器是由两个或多个基础选择器，通过不同的组合而成的，包括后代选择器、子选择器、并集选择器等。

1. 后代选择器

后代选择器又称为包含选择器，可以选择父元素里的子元素。其写法就是外层标签写在前面，内标签写在后面，中间用空格分隔。当标签发生嵌套时，内层标签就成为外层标签的后代，其基本语法如下。

```
元素1 元素2{属性1:值1;属性2:值2;…}
```

其中，元素 1 是父级，元素 2 是子级，最终选择的是元素 2；元素 2 可以是儿子，也可以是孙子，只要是元素 1 的后代即可；元素 1 和元素 2 可以是任意基础选择器。

后代选择器的示例如下。

```
<! DOCTYPE html>
<html>
    <head>
        <meta charset="utf-8">
        <title>后代选择器</title>
        <style typy="text/css">
```

```
            div p {
            color: blue;
            font- size:18px;
            }
        </style>
        </head>
        <body>
            <div>
            <p>患难可以试验一个人的品格,非常的境遇方才可以显出非常的气节;</p>
            <p>风平浪静的海面,所有的船只都可以并驱竞胜。</p>
            </div>
            <p>命运的铁拳击中要害的时候,只有大勇大智的人才能够处之泰然;... </p>
        </body>
    </html>
```

使用浏览器预览，其效果如图 3-7 所示。该示例中使用后代选择器 div p 来选择 div 元素下的所有 p 元素，这将使得所有位于 div 元素内部的 p 元素的文本颜色变为蓝色，并且字体大小为 18 px。

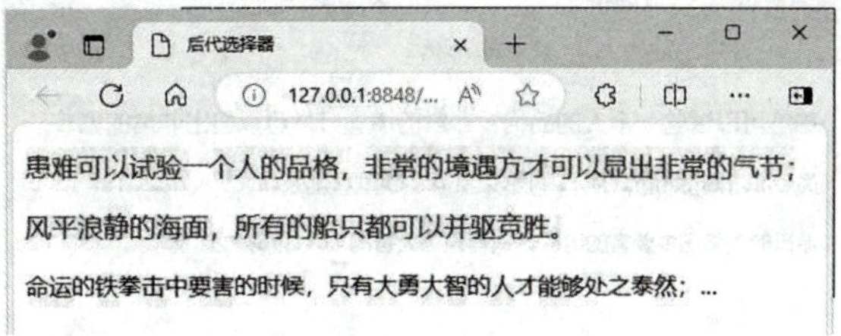

图 3-7　后代选择器效果

2. 子选择器

子选择器只能选择作为某元素的最近一级子元素，其基本语法如下。

```
元素1>元素2{属性1:值1;属性2:值2;…}
```

其中，元素 1 是父级，元素 2 是子级，最终选择的是元素 2；元素 2 必须是元素 1 直接子元素，不能是孙子、重孙之类的。

子选择器的示例如下。

```
<! DOCTYPE html>
<html>
    <head>
        <meta charset="utf-8">
        <title>子选择器</title>
        <style type="text/css">
        div>p {
        color: blue;
```

```
            font- size:18px;
            }
        </style>
        </head>
        <body>
            <div>
                <p>患难可以试验一个人的品格,非常的境遇方才可以显出非常的气节;</p>
                <p>风平浪静的海面,所有的船只都可以并驱竞胜。</p>
               </div>
                <p>命运的铁拳击中要害的时候,只有大勇大智的人才能够处之泰然;... </p>
        </body>
</html>
```

使用浏览器预览，其效果如图 3-8 所示。该示例中使用子选择器 div>p 来选择 div 元素下的直接子元素 p。这将使得所有位于 div 元素内部的直接子元素 p 元素的文本颜色变为蓝色，并且字体大小为 1px。注意，如果 p 元素不是 div 元素的直接子元素，则不会被选中并应用样式。

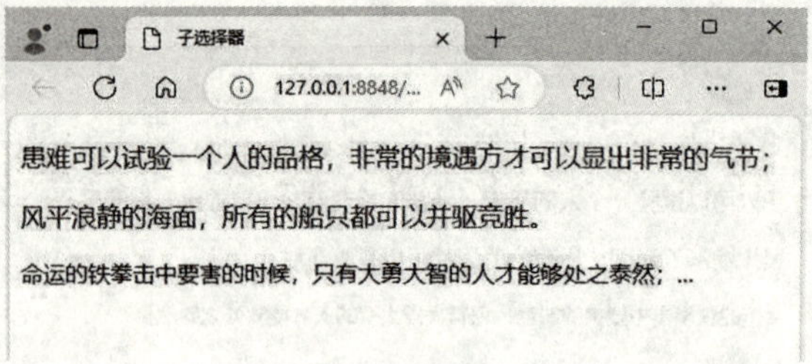

图 3-8　子选择器效果

3. 并集选择器

并集选择器是各类选择器通过英文逗号(,)连接而成，任何形式的选择器都可以作为并集选择器的一部分，其基本语法如下。

```
元素 1,元素 2{属性 1:值 1;属性 2:值 2;…}
```

其中，逗号可以理解为和的意思，通常用于集体声明。

子选择器的示例如下。

```
<! DOCTYPE html>
<html>
    <head>
        <meta charset="utf-8">
        <title>子选择器</title>
        <style type="text/css">
        p,h1 {
            color:blue;
```

```
            font-size:18px;
        }
    </style>
    </head>
    <body>
        <h1>患难可以试验一个人的品格,非常的境遇方才可以显出非常的气节;</h1>
        <p>风平浪静的海面,所有的船只都可以并驱竞胜。</p>
        <div>
        <p>命运的铁拳击中要害的时候,只有大勇大智的人才能够处之泰然;... </p>
        </div>
    </body>
</html>
```

使用浏览器预览，其效果如图 3-9 所示。该示例中使使用并集选择器 p，h1 来选择所有的 p 和 h1 元素。这将使得所有 p 和 h1 元素的文本颜色变为蓝色，并且字体大小为 18px。

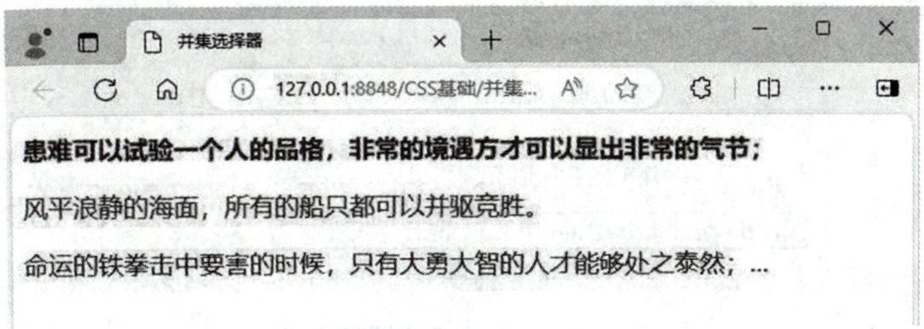

图 3-9　并集选择器效果

3.2.7　通配符选择器

在 CSS 中，一个星号(*)就是一个通配选择器。它可以匹配任意类型的 HTML 元素。在配合其他简单选择器的时候，省略掉通配选择器会有同样的效果。比如，*.warning 和 .warning 的效果完全相同。

通配符选择器的示例如下。

```
<! DOCTYPE html>
<html>
    <head>
        <meta charset="utf-8">
        <title>通配符选择器</title>
    </head>
    <style type="text/css">
        * [lang^="en"] {
            color: green;
        }
        * .warning {
```

```
            color: red;
        }
        * #maincontent {
            border: 1px solid blue;
        }
    </style>
    <body>
        <p class ="warning">
            <span lang ="en- us">A green span</span> in a red paragraph.
        </p>
        <p id ="maincontent" lang ="en- gb">
            <span class ="warning">A red span</span> in a green paragraph.
        </p>
    </body>
</html>
```

使用浏览器预览，其效果如图 3-10 所示。

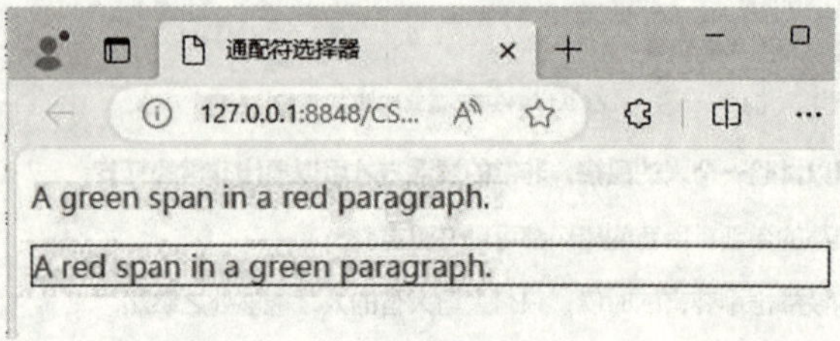

图 3-10　通配符选取器效果

案例　制作名人故事网页

为了让更多的人便捷地在线阅读和学习名人故事，计划通过HTML5 技术制作一个专门展示名人故事的网页。通过 HTML5 创建一个名人故事网页，运用 CSS 对网页进行视觉设计，包括但不限于字体、颜色、布局等，使用复合选择器、通配符选择器等对不同元素进行精细样式控制，使网页看起来美观大方，符合阅读习惯。网页效果如图 3-11 所示。

制作名人故事网页

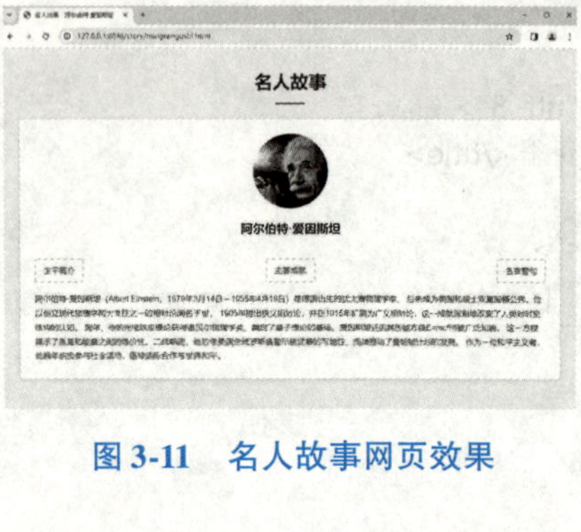

图 3-11　名人故事网页效果

制作名人故事网页步骤如下。

(1)在 HBuilderX 中新建普通项目，命名为 story，在项目类别中选择“基本 HTML 项目”模板。

(2)在 story 项目上右击，在弹出的快捷菜单中选择“新建”→“html 文件”，打开“新建 html 文件”对话框，输入名称为 mingrengushi. html，单击“创建”按钮。

(3)单击 mingrengushi. html 文件进入代码编辑窗口。在<title></title>标签中设置网页标题为“名人故事 – 阿尔伯特 · 爱因斯坦”并引入外部 css 样式表。

```
<head>
    <meta charset="UTF-8">
      <link rel="stylesheet" type="text/css" href="css/styles. css">
    <title>名人故事 - 阿尔伯特 · 爱因斯坦</title>
</head>
```

(4)在<body></body>标签中，添加一组<div>标签作为页面容器，在<div>标签中添加<header></header>标签。并在<header>标签内添加一级标题。

```
<div class="container">
    <header>
      <h1>名人故事</h1>
    </header>
</div>
```

(5)在步骤(4)添加的<div>标签中，添加一组<div></div>作为故事容器，并在故事容器中继续添加与代码不一致<div></div>，分别用来放置“标题及名人照片”“导航链接”和“故事主体内容”。

```
<div class="story-container">
    <div class="story-intro">
        <img src="img/albert_einstein. jpg" alt="阿尔伯特 · 爱因斯坦">
        <h2>阿尔伯特 · 爱因斯坦</h2>
    </div>
    <ul class="story-nav">
        <li><a href="#life">生平简介</a></li>
        <li><a href="#achievements">主要成就</a></li>
        <li><a href="#quotes">名言警句</a></li>
    </ul>
    <div class="story-content">
        <p>阿尔伯特 · 爱因斯坦(Albert Einstein,1879 年 3 月 14 日—1955 年 4 月 18 日)是德国
出生的犹太裔物理学家,后来成为美国和瑞士双重国籍公民。他以创立现代物理学两大支柱之一的
相对论闻名于世,1905 年提出狭义相对论,并在 1915 年扩展为广义相对论,这一成就深刻地改变了
人类对时空结构的认知。同年,他的光电效应理论获得诺贝尔物理学奖,奠定了量子理论的基础。
爱因斯坦还因其质能方程 E=mc² 而被广泛知晓,这一方程揭示了质量和能量之间的等价性。二战
期间,他致信美国总统罗斯福警示核武器的可能性,间接推动了曼哈顿计划的发展。作为一位和平
主义者,他晚年积极参与社会活动,倡导国际合作与世界和平。</p>
```

```
    <! --具体内容可以继续添加-->
  </div>
</div>
```

(6)在 story 项目下的 CSS 文件夹上右击，在弹出的快捷菜单中选择“新建”→“css 文件”，打开“新建 CSS 文件”对话框，命名为 styles. css，单击“创建”按钮。

(7)单击步骤(6)中新建的 styles. css 文件打开代码编辑窗口，使用通配符选择器，匹配页面上的所有元素。

```
/* 使用通配符选择器初始化所有元素样式 * /
 * {
        box-sizing: border-box;
        margin: 0;
        padding: 0;
    }
```

(8)在 style. css 文件中，使用复合选择器对页面其他内容样式进行设置。

```
body {
        font-family: 'Open Sans', Arial, sans-serif;
        background-color: #f5f5f5;
        color: #333;
        line-height: 1. 6;
    }
    . container {
        max-width: 1200px;
        margin: 0 auto;
        padding: 40px;
    }
    header {
        text-align: center;
        margin-bottom: 30px;
    }
/* 后代选择器(Descendant selector) * /
    header h1 {
        font-size: 36px;
        font-weight: 700;
        margin-bottom: 15px;
        position: relative;
        z-index: 1;
        display: inline-block;
    }
/* 多项选择器 * /
    header h1::before,
    header h1::after {
        content: "";
        display: block;
        width: 40%;
```

```
        height: 3px;
        background-color: #333;
        position: absolute;
        left: 0;
        right: 0;
        margin: auto;
        bottom: -15px;
        z-index: -1;
    }
    header h1::before {
        transform: scaleX(0);
        transition: transform 0.3s ease-out;
    }
/* 伪类选择器 */
    header h1:hover::before {
        transform: scaleX(1);
    }
    .story-container {
        background-color: #fff;
        box-shadow: 0 2px 10px rgba(0, 0, 0, 0.1);
        padding: 30px;
        border-radius: 8px;
        overflow: hidden;
    }
    .story-intro {
        text-align: center;
        margin-bottom: 40px;
    }
    .story-intro img {
        width: 150px;
        height: 150px;
        border-radius: 50%;
        object-fit: cover;
        margin-bottom: 15px;
    }
    .story-nav {
        list-style: none;
        display: flex;
        justify-content: space-between;
        align-items: center;
        margin-bottom: 20px;
    }
    .story-nav a {
        display: inline-block;
        padding: 10px 16px;
        border: 1px solid #ccc;
        border-radius: 4px;
```

```
    color: #333;
    text-decoration: none;
    transition: all 0.3s ease;
}
.story-nav a:hover {
    background-color: #333;
    color: #fff;
    border-color: #333;
}

.story-content {
    line-height: 1.8;
}
```

任务评价

评价内容	评价标准	分值	学生自评	老师评估
id 选择器	会使用 id 选择器	10		
标签选择器	会使用标签选择器	10		
类选择器	会使用类选择器	10		
伪类选择器	会使用伪类选择器	10		
伪元素选择器	会使用伪元素选择器	10		
复合选择器	会使用复合选择器	15		
通配符选择器	会使用通配符选择器	10		
制作名人故事网页	会制作名人故事网页	25		
总分		100		

项目小结

本项目首先介绍了 CSS 的基本语法，包括选择器和声明的构成，以及字体、文本、背景、边框等基本属性的设置；其次介绍了选择器的分类和应用，包括 id 选择器、标签选择器、类选择器、伪类选择器、伪元素选择器、复合选择器和通配符选择器；最后介绍了制作美文赏析网页和名人故事网页两个案例，强调了 CSS 在网页设计中的重要性，特别是在提升网页可读性和视觉吸引力方面。通过本项目的学习，读者能够掌握 CSS 的使用，提高网页的制作水平和可读性。

项 目 习 题

一、选择题

1. CSS 指的是(　　)。

A. Computer Style Sheets　　B. Cascading Style Sheets

C. Creative Style Sheets　　D. Colorful Style Sheets

2. 在 HTML 文档中，引用外部样式表的正确位置是(　　)。

A. 文档的<head>…</head>部分

B. 文档的<body>…</body>部分

C. <head>部分和<body>部分都可以

D. 在<html>标记之前

3. 下列哪个选项的 CSS 语法是正确的？(　　)

A. body：color=black　　B. {body：color=black(body}

C. body{color：black}　　D. {body；color：black}

4. 下面说法错误的是(　　)。

A. CSS 样式表可以将网页内容和样式分离

B. 一个 HTML 网页文件只能应用一个 CSS 文件

C. CSS 样式表可以使许多网页同时更新样式

D. CSS 样式表可以精确地控制网页里元素的样式

5. 如何改变某个元素的文本颜色？(　　)

A. text-color　　B. fgcolor

C. color　　D. text-color

6. 对 CSS 样式#stylel{color：blue；font-size：13px;}使用正确的是(　　)。

A. <p type="stylel">xxx</p>

C. <p id="stylel">xxx</p>

B. <div class="style!">xxx</body>

D. <div style="stylel">xxx</body>

二、问答题

1. CSS 是什么？它在网页设计中的作用是什么？

2. 在 CSS3 中，有哪几种样式类型？

3. 举例说明如何在网页中使用 id 选择器、类选择器、复合选择器？

二、操作题

1. 制作“桃花源记”网页

提示：制作如图 3-12 所示的“桃花源记”网页，创建 CSS 文件，通过 link 导入到 HTML 文件中，使用标记选择器设置段落样式和标题 2 的样式，使用伪类选择器设置被选中文字的效果。

2. 制作学生成绩表

提示：制作如图 3-13 所示的学生成绩表，创建 CSS 文件，通过 link 导入到 HTML 文件中，使用 id 选择器设置对表格整体样式，使用标签选择器设置表格单元格样式，使用标签选择器设置表格单元格样式。

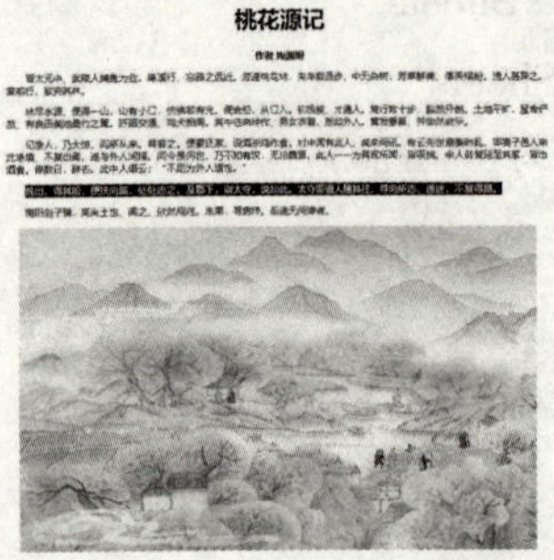

图 3-12 “桃花源记”网页

2023年下半年期末成绩表

学号	姓名	高数	大学英语	化学	体育
230101	王明	68	85	77	83
230102	李丽	78	72	68	76
230103	高英	85	67	78	65
230104	张雪	81	97	58	69
230105	马刚	91	77	88	66
230106	马刚	64	82	73	54

图 3-13 学生成绩表

项目 4　盒子模型及应用

项 目 导 读

盒子模型是前端布局的基石，它决定了元素在页面上的显示方式和空间占用。每个 HTML 元素都可以看作是一个盒子，包括内容、内边距、边框和外边距等部分。理解并掌握盒子模型对于创建响应式布局、实现复杂的页面设计以及优化用户体验至关重要。本项目主要介绍盒子模型及应用方面的知识。

学习目标

◆ 知识目标

- 了解边框、内边距、外边距的设置。
- 掌握 overflow 属性用法以及浮动的应用、清除。
- 掌握静态定位、相对定位、绝对定位和固定定位。
- 熟练运用渐变、变形、过渡和动画等动态效果。

◆ 技能目标

- 能够制作学习日用百科网页。
- 能够制作地域特产推介网页。
- 能够制作黄河景色展示网页。

◆ 素质目标

- 通过学习盒子模型基础，培养学生从宏观角度思考问题的能力。
- 通过学习网页布局，培养学生结构化思维，学会如何将复杂信息有序组织。
- 通过学习网页动态效果，激发学生对新技术的探索精神。

思政目标

- 培养学生的创新思维和实践能力。
- 培养学生的集体主义精神和团队协作能力。

任务1 盒子模型基本知识

任务描述

盒子模型是 CSS 布局的基础，它通过内容(content)、内边距(padding)、边框(border)和外边距(margin)4 个部分共同决定了元素在页面上的最终显示效果。

任务分析

通过本任务的学习，读者能了解盒子模型的概念，掌握设置边框样式、边框宽度以及边框样式的基本语法和属性，掌握设置内边距和外边距的基本语法和属性，最后利用所学知识制作学习日用百科网页。

任务重点与实施

4.1.1 盒子模型的概念

盒子模型(box model)就是把 HTML 页面中的元素看作是一个矩形的盒子，也就是一个盛装内容的容器。或者说，每一个可见的 HTML 元素都是一个盒子。

每个盒子的大小是由内容、内边距、边框这 3 个部分的实际大小来决定的，外边距不算在宽度里面，如图 4-1 所示。盒子模型的内部是实际的内容，直接包围内容的是内边距，内边距的边缘是边框，边框以外是外边距，外边距默认是透明的，因此不会遮挡其后的任何元素。

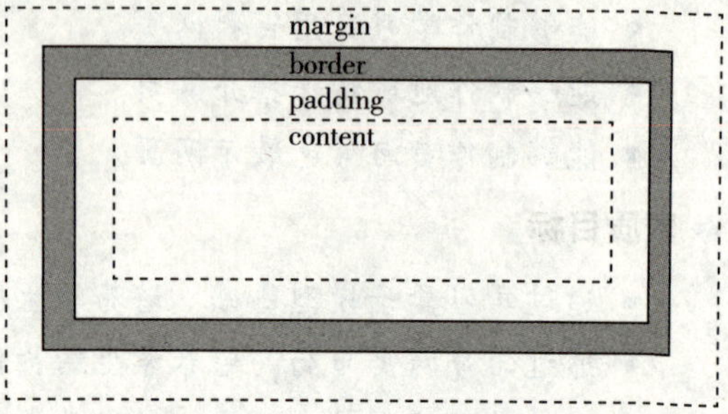

图 4-1 盒子的组成

接下来对图 4-1 进行介绍。

(1) content：盒子的内容，显示文本和图像。

(2) padding：内容周围的区域，即 border 与 content 之间的距离，内边距是透明的。

(3) border：围绕在内边距和内容外的边框。

(4) margin：边框外的区域，即 border 与盒子外其他内容的距离，外边距是透明的。

border、padding 和 margin 分别都有上、右、下、左 4 个方向，每个方向的设置可以相同也可以单独设置，得到以下两个公式。

总元素的宽度=宽度+左内边距+右内边距+左边框+右边框+左外边距+右外边距

总元素的高度=高度+上内边距+下内边距+上边框+下边框+上外边距+下外边距

4.1.2　边框的设置

盒子边框使用 border 属性来设置，该属性可以设置所有边框的样式、宽度和颜色。

1. 边框样式（border-style）

边框样式（border-style）属性用来控制对象的边框样式，可同时设定一个或多个边框样式。另外还有 4 个分属性 border-top-style、border-right-style、border-bottom-style 和 border-left-style，分别对应上、右、下、左 4 个边的边框样式。

边框样式的基本语法如下。

```
border-style: <style>
```

border-style 的值可以是 1 ~4 个，中间以空格分隔。如果只提供一个值，将用于全部的 4 个边框；如果提供二个值，则第 1 个用于上、下边框，第 2 个用于左、右边框；如果提供 3 个值，则第一个用于上边框，第 2 个用于左、右边框，第 3 个用于下边框；如果提供全部 4 个值，将按照上、右、下、左的顺序作用于四个边框。

border-style 的属性见表 4-1。

表 4-1　border-style 的属性

属性值	说明
none	默认无边框
dotted	定义一个点线边框
dashed	定义一个虚线边框
solid	定义实线边框
double	定义两个边框，两个边框的宽度和 border-width 的值相同
groove	定义 3D 沟槽边框，效果取决于边框的颜色值
ridge	定义 3D 脊边框，效果取决于边框的颜色值
inset	定义一个 3D 的嵌入边框，效果取决于边框的颜色值
outset	定义一个 3D 突出边框，效果取决于边框的颜色值

设置边框样式的示例代码如下。

```
<! DOCTYPE html>
<html>

    <head>
        <meta charset="utf-8">

        <title>边框样式</title>
        <style type="text/css">
        . box1{
        width:300px;height:200px;background:red;border-style:dotted;
        }
        </style>
    </head>
    <body>
        <div class="box1"></div>
    </body>
</html>
```

使用浏览器预览，设置边框样式效果如图 4-2 所示。

2. 边框宽度（border-width）

边框宽度（border-width）属性用来控制对象的边框宽度，可同时设定一个或多个边框宽度。另外还有四个分属性 border-top-width、border-right-width、border-bottom-width 和 border-left-width，分别对应上、右、下、左 4 个边的边框宽度。

边框宽度的基本语法如下。

```
border-width:<style>
```

border-width 的值可以是 1~4 个，中间以空格分隔。如果只提供一个值，将用于全部的 4 个边框；如果提供两个值，则第 1 个用于上、下边框，第 2 个用于左、右边框；如果提供 3 个值，则第一个用于上边框，第 2 个用于左、右边框，第 3 个用于下边框；如果提供全部 4 个值，将按照上、右、下、左的顺序作用于 4 个边框。

设置边框宽度的示例代码如下。

```
<! DOCTYPE html>
<html>
    <head>
        <meta charset="utf-8">
        <title>边框宽度</title>
        <style type="text/css">
        . box1{
            width: 300px;
            height: 200px;
            background:red;
            border-style:solid;
```

```
            border-width:2px 4px 6px 8px;
        }
        </style>
    </head>
    <body>
        <div class="box1"></div>
    </body>
</html>
```

使用浏览器预览，设置边框宽度效果如图 4-3 所示。

图 4-2　设置边框样式效果

图 4-3　设置边框宽度效果

3. 边框颜色（border-color）

边框颜色（border-color）属性用来控制对象的边框颜色，可同时设定一个或多个边框颜色。另外还有 4 个分属性 border-top-color、border-right-color、border-bottom-color 和 border-left-color，分别对应上、右、下、左 4 个边的边框颜色。

边框颜色的基本语法如下。

```
border-color: <color>
```

border-color 的值可以是 1~4 个，中间以空格分隔。如果只提供一个值，将用于全部的 4 个边框；如果提供两个值，则第 1 个用于上、下边框，第 2 个用于左、右边框；如果提供 3 个值，则第 1 个用于上边框，第 2 个用于左、右边框，第 3 个用于下边框；如果提供全部 4 个值，将按照上、右、下、左的顺序作用于 4 个边框。

设置边框颜色的示例代码如下。

```
<! DOCTYPE html>
<html>
    <head>
        <meta charset="utf-8">
        <title>边框颜色</title>
        <style type="text/css">
        .box1{
            width: 300px;
```

```
                height: 200px;
                background:#ccc;
                border-style:solid;
                border-width:10px;
                border-color:red orange yellow green;
            }
        </style>
    </head>
    <body>
        <div class="box1"></div>
    </body>
</html>
```

使用浏览器预览，设置边框颜色效果如图 4-4 所示。

4.1.3 内边距和外边距的设置

内边距和外边距是网页设计中不可或缺的元素，能够帮助我们实现更好的页面布局和视觉效果。

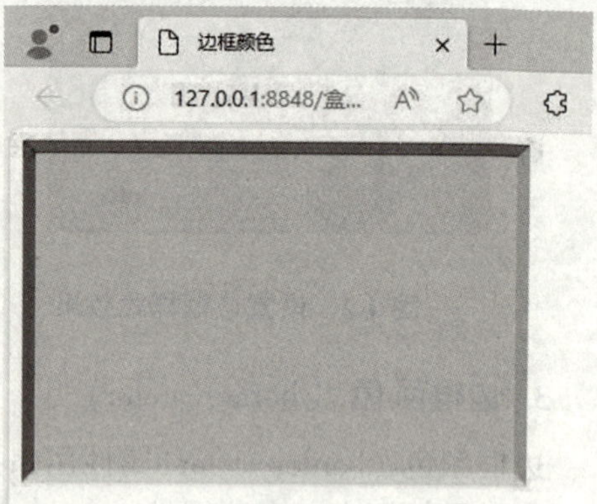

图 4-4 设置边框颜色效果

1. 内边距

内边距是指元素内容与边框之间的空白区域，它决定了元素内部的空间大小。通过调整内边距，可以控制元素内容的相对位置，使其更加美观和易于阅读。例如，在一个段落中，可以通过增加内边距来使文字与边框之间保持一定的距离，避免文字紧贴边缘而显得拥挤。

padding 属性可同时设定一个或多个内边距。另外还有 4 个分属性 padding-top、padding-right、padding-bottom 和 padding-left，分别对应上、右、下、左 4 个方向的内边距。

内边距的基本语法如下。

```
padding: <length>
```

padding 的值可以是 1~4 个，中间以空格分隔。如果只提供一个值，将用于全部的 4 个边；如果提供两个值，则第 1 个用于上、下边，第 2 个用于左、右边；如果提供 3 个值，则第 1 个用于上边，第 2 个用于左、右边，第 3 个用于下边；如果提供全部 4 个值，将按照上、右、下、左的顺序作用于 4 个边。

行内非替换元素上设置的内边距不会影响行高计算；因此，如果一个元素既有内边距又有背景，从视觉上看可能会延伸到其他行，有可能还会与其他内容重叠。元素的背景会延伸穿过内边距。不允许指定负内边距值。

padding 的属性见表 4-2。

表 4-2　padding 的属性

属性值	说明
auto	设置浏览器内边距，该结果依赖于浏览器
length	以具体单位计的内边距值，如像素、厘米等。默认值是 0 px
%	基于父元素的宽度的百分比的内边距
inherit	从父元素继承内边距

设置内边距的示例代码如下。

```
<! DOCTYPE html>
<html>
    <head>
        <meta charset="utf-8">
        <title>内边距</title>
        <style type="text/css">
        #box1{
            padding:30px 30px;
            background:#ccc;
        }
        #box2{
            border:3px double #189FD7;
            padding:50px;
        }
        </style>
    </head>
    <body>
      <div id="box1">
          <div id="box2"></div>
    </body>
</html>
```

使用浏览器预览，设置内边距效果如图 4-5 所示。

2. 外边距

外边距是指元素边框与其他元素之间的空白区域，它决定了元素在页面中的相对位置。通过调整外边距，可以控制元素之间的距离，使页面布局更加合理和舒适。例如，在一个导航栏中，可以通过增加外边距来使各个链接之间保持一定的距离，提高用户的点击体验。

margin 属性可同时设定一个或多个外边距。另外还有 4 个分属性 margin-top、margin-right、margin-bottom 和 margin-left，分别对应上、右、下、左 4 个方向的外边距。

外边距的基本语法如下。

```
margin：<length>
```

外边距的说明和属性和内边距类似，这里就不再详细介绍。

设置外边距的示例代码如下。

```
<! DOCTYPE html>
<html>
    <head>
        <meta charset="utf-8">
        <title>边框样式</title>
        <style type="text/css">
        #box1{
            padding:30px 30px;
            background:#ccc;
        }
        #box2{
            border:3px double #189FD7;
            padding:50px;
            margin:60px;
        }
        </style>
    </head>
    <body>
      <div id="box1">
            <div id="box2"></div>
    </body>
</html>
```

使用浏览器预览，设置外边距效果如图 4-6 所示。

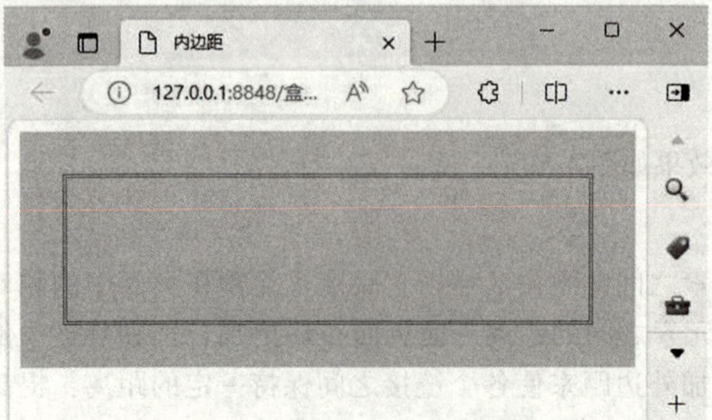

图 4-5　设置内边距效果

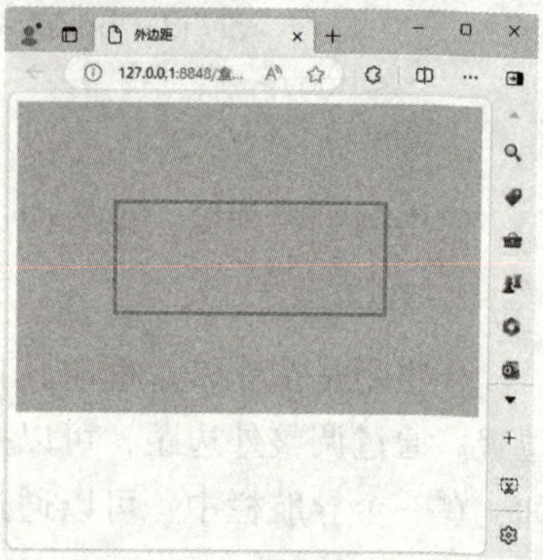

图 4-6　设置外边距效果

4.1.4　文字阴影和盒子阴影

在 CSS 中，文字阴影和盒子阴影是两种常用的阴影效果，它们可以为网页元素添加深度和层次感。使用这些阴影效果可以让元素看起来更加立体，仿佛从页面上浮起来或者陷入页面之中。可以利用这些效果来吸引用户的注意力或者增强界面的视觉吸引力。

1. 文字阴影

CSS3 新增的 text-shadow 属性，可以轻松实现文字投影、发光、内阴影等很棒的立体效果，而且效果自然，不逊于 Photoshop 制作出的效果。

基本语法如下。

```
text-shadow: none|h-shadow v-shadow blur color;
```

其属性说明如下。

(1)none：无阴影，默认值。

(2)h-shadow：设置对象的阴影水平偏移值。可以为负值，正值表示阴影在右，负值在左。

(3)v-shadow：设置对象的阴影垂直偏移值。可以为负值，正值表示阴影在上，负值在下。

(4)blur：设置对象的阴影模糊值。不允许负值，可以缺省。

(5)color：设置对象的阴影的颜色。可以缺省。缺省默认的是#333 深灰色，不是黑色。

文字阴影的示例代码如下。

```
<!DOCTYPE html>
<html>
    <head>
        <meta charset="utf-8">
        <title>文字阴影</title>
        <style type="text/css">
        p{
            font-size:30px;
            font-family:宋体;
            font-weight:bold;
        }
        .text1{
            color:black;
            text-shadow:10px 5px 1px #333;
            }
        </style>
    </head>
    <body>
        <p class="text1">美好生活</p>
    </body>
</html>
```

使用浏览器预览，文字阴影效果如图 4-7 所示。

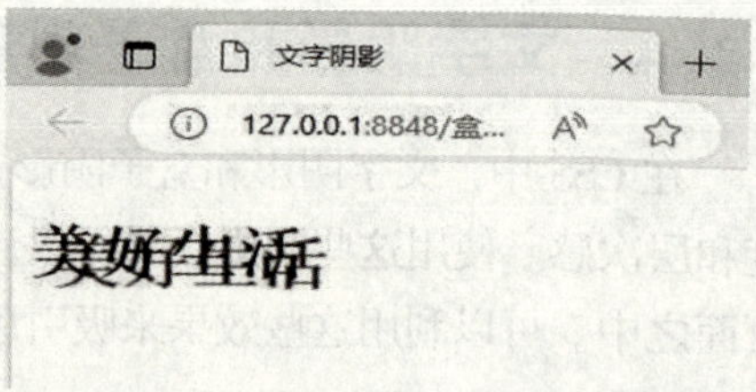

图 4-7　文字阴影效果

2. 盒子阴影

盒子阴影向边框添加一个或多个阴影，该属性是由逗号分隔的阴影列表，每个阴影由 2-4 个长度值、可选的颜色值及可选的 inset 关键词来规定。

基本语法如下。

```
text- shadow: none|h- shadow v- shadow blur spread color inset;
```

其属性说明如下。

(1) none：无阴影，默认值。

(2) h-shadow：设置对象的阴影水平偏移值。可以为负值，正值表示阴影在右，负值在左。

(3) v-shadow：设置对象的阴影垂直偏移值。可以为负值，正值表示阴影在上，负值在下。

(4) blur：设置对象的阴影模糊值。不允许负值，可以缺省。

(5) spread：设置对象的阴影尺寸。可以为负值，正值表示阴影在所有方向扩展，负值表示阴影在所有方向消减。

(6) color：设置对象的阴影的颜色，可以缺省。默认是黑色。

盒子阴影的示例代码如下。

```
<! DOCTYPE html>
<html>
    <head>
        <meta charset ="utf- 8">
        <title>盒子阴影</title>
        <style type ="text/css">
            div{
                width:200px;
                height:120px;
                margin:20px;
                padding:10px;
                float:left;
            }
            #box1{
                box- shadow:10px 5px 5px;
                background- color:red;
            }
            #box2{
                box- shadow:10px 5px;
```

```
            background-color:red;
        }
        #box3{
            box-shadow:-10px 5px 5px;
            background-color:red;
        }
    </style>
</head>
<body>
    <div id="box1"></div>
    <div id="box2"></div>
    <div id="box3"></div>
</body>
</html>
```

使用浏览器预览，盒子阴影效果如图 4-8 所示。

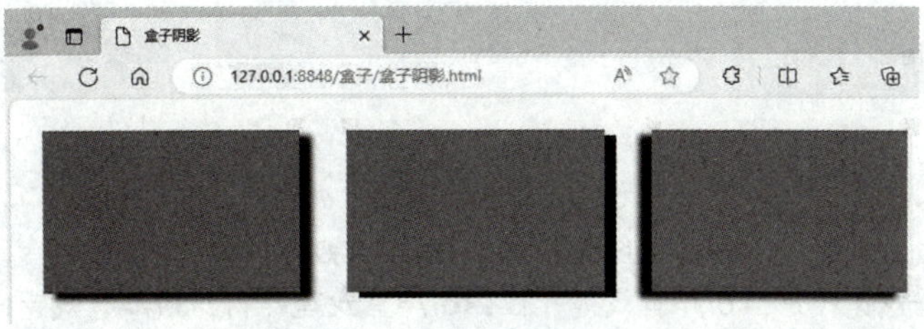

图 4-8　盒子阴影效果

4.1.5　overflow 属性

在 Web 开发中，overflow 属性是 CSS 中的一个常用属性，用于控制元素内容溢出其容器时的显示方式。当一个元素的内容超出了其指定的宽度或高度时，overflow 属性决定了如何处理这些溢出的内容。

基本语法如下。

```
overflow:visible|hidden|scroll|auto
```

其属性说明如下。

(1) visible：默认值，内容不会被修剪，会呈现在元素框之外。

(2) hidden：内容会被修剪，并且其余内容是不可见的。

(3) scroll：内容会被修剪，但是浏览器会显示滚动条以便查看其余的内容。

(4) auto：如果内容被修剪，则浏览器会显示滚动条以便查看其余的内容。

> 提示
>
> overflow 属性只对具有明确尺寸的元素有效，如块级元素、表格等。对于内联元素，需要将其转换为块级元素或内联块级元素才能应用 overflow 属性。

overflow 属性用法示例代码如下。

```
<! DOCTYPE html>
<html>
    <head>
        <meta charset="utf-8">
        <title>溢出</title>
        <style type="text/css">
            div {
                width: 200px;
                height: 100px;
                text-align:center;
                border: 3px solid black;
                margin: 20px 0px 0px 20px;
                background-color:#ccc;
                overflow:visible;
            }
        </style>
    </head>
    <body>
        <div>
            江南可采莲,<br/>莲叶何田田。<br/>鱼戏莲叶间。<br/>
            鱼戏莲叶东,<br/>鱼戏莲叶西,<br/>鱼戏莲叶南,<br/>鱼戏莲叶北。<br/>
        </div>
    </body>
</html>
```

使用浏览器预览，溢出效果如图 4-9 所示。

如果设置 overflow 为 hidden，隐藏超出部分效果如图 4-10 所示，超出部分被隐藏。

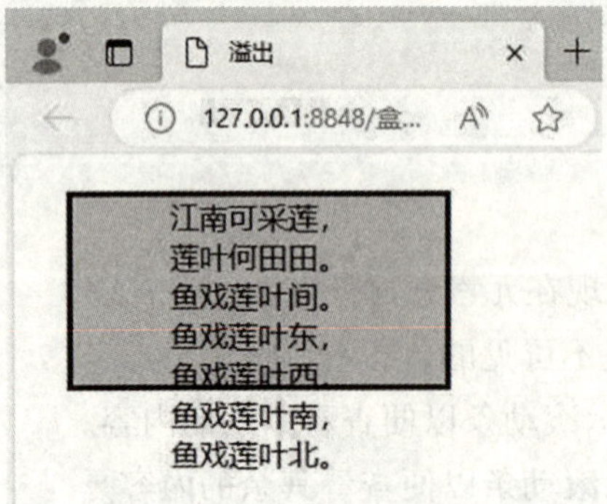

图 4-9　溢出效果

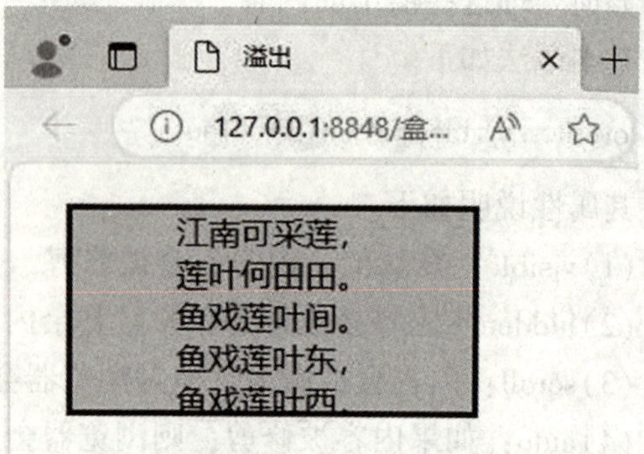

图 4-10　隐藏超出部分

如果设置 overflow 为 scroll，则效果如图 4-11 所示，会加上滚动条；如果设置 overflow 为 auto，则效果如图 4-12 所示，会根据文字长度来动态隐藏。

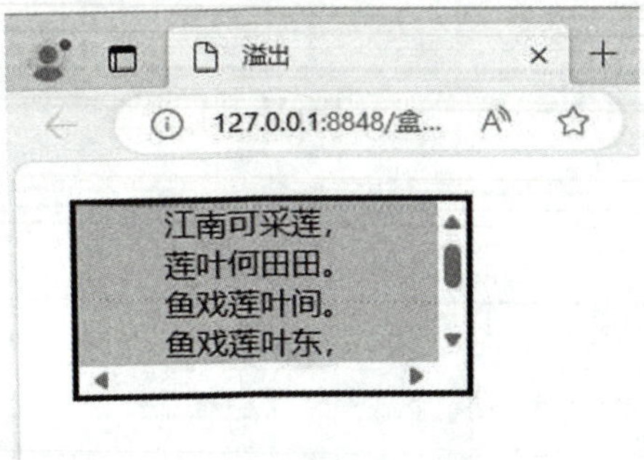

图 4-11　加上滚动条

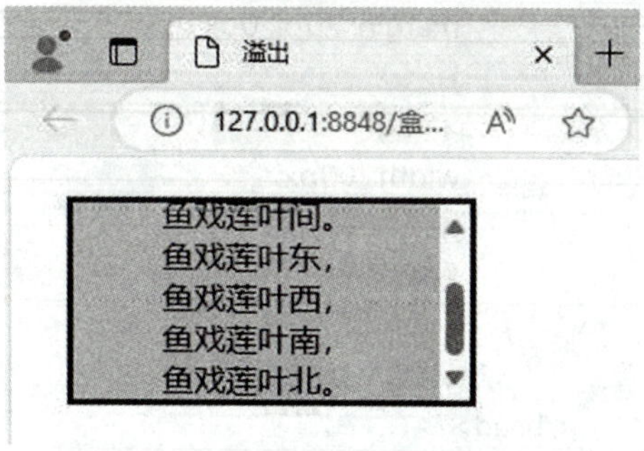

图 4-12　动态隐藏

4.1.6　浮动的应用及清除

在 Web 页面布局中，浮动(float)是 CSS 提供的一种强大的布局机制，它允许元素脱离文档流并向左或向右移动，直到它的外边缘碰到包含框或另一个浮动元素的边缘。然而，浮动也可能导致一些布局问题，如父元素高度崩塌和影响后续元素的定位。为了处理这些问题，CSS 提供了清除(clear)，它定义元素的左侧、右侧或两侧不允许其他浮动元素。

1. 浮动的应用

浮动是网页设计中常用的布局技术之一，可以使元素在页面中实现多列布局、文字环绕图片等效果。

浮动是 CSS 中一种元素定位方式，通过设置元素的 float 属性可以使其脱离文档流并向左或向右浮动，其基本语法如下。

```
float:none|left|right
```

属性说明如下。

(1)none：设置元素不浮动。

(2)left：设置元素浮在左边。

(3)right：设置元素浮在右边。

浮动应用示例的代码如下。

```
<! DOCTYPE html>
<html>
    <head>
        <meta charset="utf-8">
        <title>浮动</title>
        <style type="text/css">
        . box {
            width:300px;
            height:200px;
            border: 2px solid black;
```

```
            margin: 20px 0px 0px 20px;
            }
        . box img{
            width:200px;
            height:150px;
            float:left;
        }
        </style>
    </head>
    <body>
        <div class="box">
            <img src="img/lian. jpg" alt="">
            江南可采莲,<br/>莲叶何田田。<br/>鱼戏莲叶间。<br/>
            鱼戏莲叶东,<br/>鱼戏莲叶西,<br/>鱼戏莲叶南,<br/>鱼戏莲叶北。<br/>
        </div>
    </body>
</html>
```

使用浏览器预览，设置边框样式效果如图 4-13 所示。

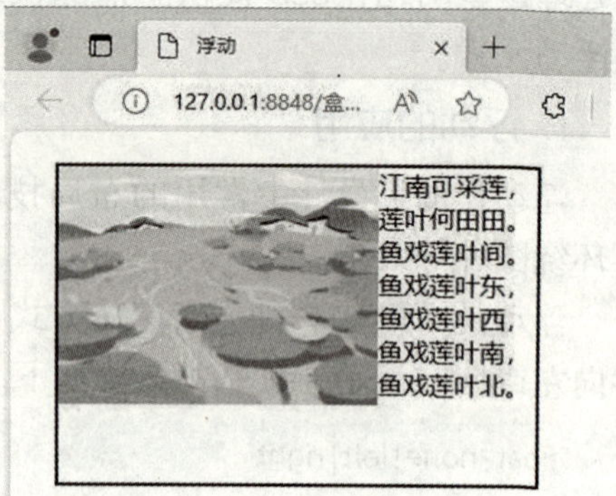

图 4-13　设置边框样式效果

2. 清除浮动

由于浮动元素不再占用原文档流的位置，所以它会对后面的元素排版产生影响，为了解决这些问题，此时就需要在该元素中清除浮动的影响。

在 CSS 中，clear 属性用于清除浮动。基本语法如下。

```
clear:none|left|right|both
```

属性说明如下。

(1) none：允许两边都可以有浮动元素。

(2) left：不允许左侧有浮动元素。

(3) right：不允许右侧有浮动元素。

(4) both：同时清除左右两侧浮动的影响。

清除浮动应用示例的代码如下。

```
<! DOCTYPE html>
<html>
    <head>
        <meta charset="utf-8">
        <title>浮动</title>
        <style>
```

```
      . container {
        overflow: hidden;
      }
      . box1 {
        float: left;
        width: 50%;
        background-color: lightblue;
      }
      . box2 {
        float: right;
        width: 50%;
        background-color: lightgreen;
      }
        . box3 {
        clear: both; /*  清除之前元素的浮动影响 * /
        background-color: yellow;
      }
    </style>
    </head>
    <body>
      <div class="container">
        <div class="box1">Box 1 - 浮动在左边</div>
        <div class="box2">Box 2 - 浮动在右边</div>
        <div class="box3">Box 3 - 清除浮动,在下方</div>
      </div>
    </body>
</html>
```

使用浏览器预览，清除浮动效果如图 4-14 所示。

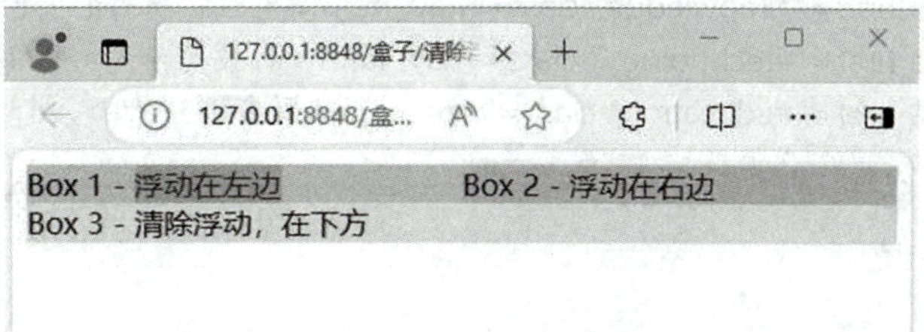

图 4-14　清除浮动效果

案例　制作学习日用百科网页

利用 HTML5 和 CSS 等现代 Web 技术构建界面友好、易于浏览和搜索的知识分享平台，提升用户体验。通过合理运用 CSS 中的盒子模型和其他布局技术，使页面布局清晰、结构分明，有利于用户快速定位所需内容。汇聚各类学习资料和实用信息，形成一站式知识库，满足不同人群对于生活常识、科技前沿、教育方法等多领域知识的需

制作学习日用百科网页

求。效果如图 4-15 所示。操作步骤如下。

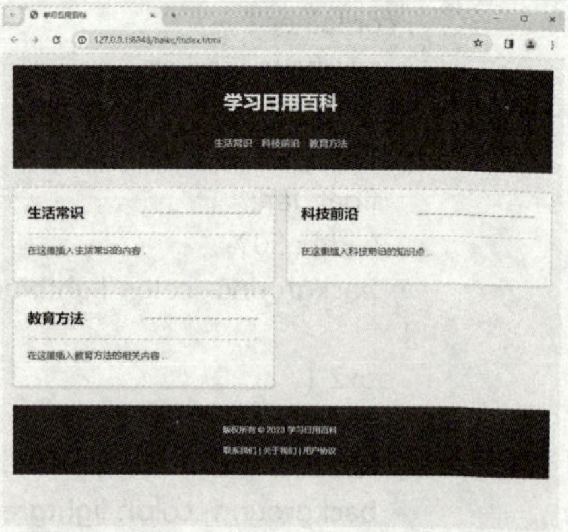

图 4-15 学习日用百科网页效果

(1)在 HBuilderX 中新建普通项目，命名为 baike，在项目类别中选择“基本 HTML 项目”模板。

(2)在 baike 项目上右击，在弹出的快捷菜单中选择“新建”→“html 文件”，打开“新建 html 文件”对话框，输入名称为 list. html，单击“创建”按钮。

(3)单击 list. html 文件进入代码编辑窗口。在<title></title>标签中设置网页标题为“学习日用百科”并引入外部 CSS 样式表。

```
<head>
    <meta charset="UTF-8">
    <title>学习日用百科</title>
    <link rel="stylesheet" href="css/style. css">
</head>
```

(4)在<body></body>标签中，添加<header></header>标签。并在<header>标签内添加<div></div>标签以及导航链接。

```
<header class="site-header">
        <div class="container">
            <h1 class="logo">学习日用百科</h1>
            <nav class="main-navigation">
            <ul>
                <li><a href="#knowledge" class="nav-item">生活常识</a></li>
                <li><a href="#technology" class="nav-item">科技前沿</a></li>
                <li><a href="#education" class="nav-item">教育方法</a></li>
                    <!--更多分类链接-->
            </ul>
            </nav>
        </div>
    </header>
```

(5)在<body></body>标签中，添加<main></main>标签。在<main>标签中添加一组<section></section>标签并设置好 id 和 CSS。然后再<section>标签中放置第一块生活常识内容。

```
<main class="content-area">
<section id="knowledge" class="card">
        <div class="card-header">
            <h2>生活常识</h2>
```

```
        <hr>
      </div>
      <div class="card-body">
        <p>在这里插入生活常识的内容...</p>
        <!--图片或其他内容-->
      </div>
  </section>
</main>
```

（6）仿照步骤（5）在<main>标签中添加第二组和第三组<section>标签分别放置“科技前沿”和“教育方法”模块的内容。

```
<section id="technology" class="card">
      <div class="card-header">
        <h2>科技前沿</h2>
        <hr>
      </div>
      <div class="card-body">
        <p>在这里插入科技前沿的知识点...</p>
        <!--图片或其他内容-->
      </div>
  </section>
  <section id="education" class="card">
    <div class="card-header">
        <h2>教育方法</h2>
        <hr>
      </div>
      <div class="card-body">
        <p>在这里插入教育方法的相关内容...</p>
        <!--图片或其他内容-->
      </div>
  </section>
```

（7）在<body>标签中再添加一组<footer></footer>标签。

```
  <footer class="site-footer">
  <div class="container">
    <p>版权所有 © 2024 学习日用百科</p>
    <p>联系我们 | 关于我们 | 用户协议</p>
  </div>
</footer>
```

（8）在 baike 项目下的 CSS 文件夹上右击，在弹出的快捷菜单中选择“新建”→“css 文件”，打开“新建 CSS 文件”对话框，命名为 style. css，单击“创建”按钮。

（9）单击步骤（8）中新建的 style. css 文件打开代码编辑窗口，首先设置全局样式。

```
/* 全局样式 * /
    * {
        box-sizing: border-box;
    }
        body {
            font-family: Arial, sans-serif;
            line-height: 1.6;
            margin: 0;
            padding: 20px;
            background-color: #f8f8f8;
        }
```

(10)在 style.css 文件中，使用对导航菜单内的样式进行设置。

```
/* 导航栏 * /
    .container {
        max-width: 1200px;
        margin: 0 auto;
        padding: 0 1rem;
    }
    .site-header {
        background-color: #333;
        color: #fff;
        padding: 1rem 0;
    }
    .logo {
        font-size: 2rem;
        margin-bottom: 0.5rem;
        color: #fff;
        text-align: center;
        font-weight: bold;
    }
    .main-navigation {
        display: flex;
        justify-content: center;
        margin-top: 1rem;
    }
    .main-navigation ul {
        list-style: none;
        padding: 0;
        display: flex;
        gap: 1rem;
    }
    .nav-item {
        color: #fff;
```

```
        text-decoration: none;
        transition: color 0.3s;
    }
    .nav-item:hover {
        color: #ccc;
    }
```

(11)继续在 style.css 文件中，对主要内容区样式设置、使用盒子模型对卡片的样式进行设置。

```
/* 主要内容区 */
 .content-area {
    display: grid;
    grid-template-columns: repeat(auto-fit, minmax(300px, 1fr));
    gap: 20px;
    padding: 2rem 0;
}
/* 盒子模型示例 */
    .card {
        background-color: #fff;
        border: 1px solid #ddd;
        border-radius: 5px;
        padding: 1.5rem;
        box-shadow: 0 2px 4px rgba(0, 0, 0, 0.1);
    }
    .card-header {
        display: flex;
        justify-content: space-between;
        align-items: center;
        border-bottom: 1px solid #ddd;
        padding-bottom: 1rem;
    }
    .card-header h2 {
        font-size: 1.5rem;
        margin: 0;
    }
    .card-header hr {
        width: 50%;
        margin: 0.5rem 0;
    }
    .card-body {
        line-height: 1.5;
    }
```

(12)在 style.css 文件中，对底部版权信息样式进行设置。

```
/* 底部版权信息的样式 */
    .site-footer {
        background-color: #333;
        color: #fff;
        padding: 1rem 0;
        text-align: center;
        font-size: 0.875rem;
    }
```

任务评价

评价内容	评价标准	分值	学生自评	老师评估
盒子模型的概念	了解盒子模型的概念	5		
边框的设置	会使设置所有边框的样式、宽度和颜色	15		
内边距和外边距的设置	会设置外边距	8		
	会设置内边距	8		
文字阴影和盒子阴影	会制作文字阴影	8		
	会制作盒子阴影	8		
overflow 属性	会使用 overflow 属性	10		
浮动的应用及清除	会应用浮动	10		
	会清除浮动	8		
制作学习日用百科网页	会制作学习日用百科网页	20		
总分		100		

任务 2 网页布局

任务描述

合理的网页布局能够显著提升网页的整体视觉效果，使页面看起来更加美观、专业。通过运用不同的布局技术和设计元素(如颜色、字体、图片等)，设计师可以创造出独特且吸引人的网页界面。

任务分析

通过本任务的学习，读者能了解元素的定位方式和偏移属性，了解静态定位、相对定位、绝对定位和固定定位的概念并掌握它们的用法，掌握 Z-index 属性的用法，最后利用所学知识制作地域特产推介网页。

任务重点与实施

4.2.1　元素的定位和偏移

定位是实现网页布局的重要手段之一，它不仅影响着元素在页面上的位置，还与其他布局模型相结合，共同构成了网页的整体结构和外观。其中偏移属性可以进一步细化元素的位置。

1. 元素定位

在 CSS 中，是通过 position 属性指定一个元素在文档中的定位方式，其基本语法如下。

```
选择器{position:属性值;}
```

其属性值说明如下。

(1) static：静态定位，是默认定位方式。

(2) relative：相对定位，相对于其原文档流的位置进行定位。

(3) absolute：绝对定位，相对于其上一个已经定位的父元素进行定位。

(4) fixed：固定定位，相对于浏览器窗口进行定位。

2. 元素偏移

position 仅仅用于定义元素以哪种方式定位，并不能确定元素的具体位置。在 CSS 中，通过偏移属性 top、bottom、left 或 right，来精确定义定位元素的位置，其取值为不同单位的数值或百分比。

偏移属性的说明如下。

(1) top：顶端偏移量，定义元素相对于其父元素上边线的距离。

(2) bottom：底部偏移量，定义元素相对于其父元素下边线的距离。

(3) left：左侧偏移量，定义元素相对于其父元素左边线的距离。

(4) right：右侧偏移量，定义元素相对于其父元素右边线的距离。

4.2.2　静态定位和相对定位

在 CSS 中，定位(positioning)是控制元素在页面上如何放置的一种手段。静态定位(static positioning)和相对定位(relative positioning)是定位机制中的两种基本类型，它们影响着元素在文档流中的位置。

1. 静态定位

静态定位是 CSS 中的默认定位方式，也就是没有定位。在静态定位中，元素按照正常的文档流进行排列，即一个接一个地从上到下、从左到右排列。静态定位的元素不会通过定位属性(top，bottom，left，right)来移动，它们的最终位置是由浏览器的正常渲染流程决定的。

使用静态定位的示例代码如下。

```
<! DOCTYPE html>
<html>
    <head>
        <meta charset="utf-8">
        <title>静态定位</title>
        <style type="text/css">
            . boxl{
            width: 200px;
            height: 200px;
            background-color: red;
            font-size: 60px;
            text-align:center;
            }
            . box2{
            width: 200px;
            height: 200px;
            background-color: yellow;
            font-size: 60px;
            text-align:center;
            }
            . box3{
            width: 200px;
            height: 200px;
            background-color: green;
            font-size: 60px;
            text-align:center;
            }
        </style>
    </head>
    <body>
        <div class="boxl">1</div>
        <div class="box2">2</div>
        <div class="box3">3</div>
    <body>
</html>
```

使用浏览器预览，静态定位效果如图 4-16 所示。

2. 相对定位

相对定位是将元素相对于它在标准文档流中的位置进行定位，当 position 属性的取值为 relative 时，可以将元素定位于相对位置。对元素设置相对定位后，可以通过边偏移属性(top，bottom，left，right)改变元素的位置，但是它在文档流中的位置仍然保留。

这里对静态定位的示例中的 box2 使用相对定位，其他代码不变，将 box2 代码更改如下。

```
. box2{
width: 200px;
height: 200px;
background- color: yellow;
font- size: 60px;
text- align:center;
position: relative;
left: 200px;
top:-200px;
}
```

使用浏览器预览，相对定位效果如图 4-17 所示。

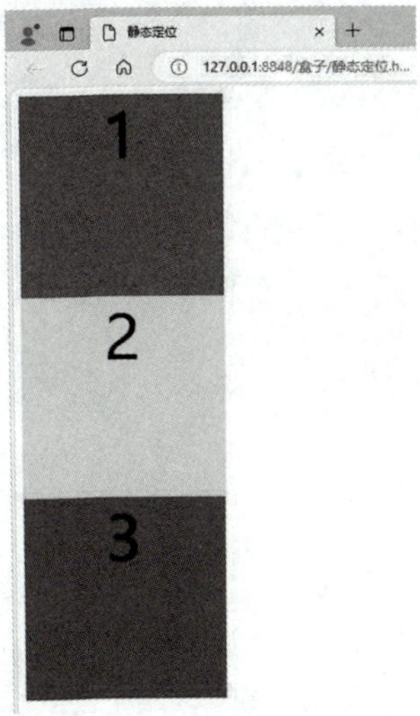

图 4-16　静态定位效果

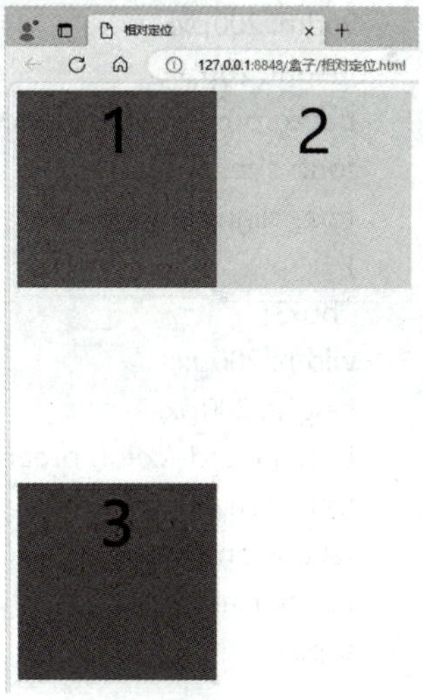

图 4-17　相对定位效果

4.2.3　绝对定位和固定定位

绝对定位和固定定位是 CSS 中两种高级的定位机制，允许用户从正常的文档流中完全移除元素，并相对于其他元素或视口本身精确地定位。这两种定位方式常用于创建模态窗口、导航栏、广告横幅和其他需要在页面上特定位置或跟随视口固定显示的元素。

1. 绝对定位

绝对定位是将元素依据最近的已经定位(绝对、固定或相对定位)的父元素进行定位，若所有父元素都没有定位，则依据 body 根元素(浏览器窗口)进行定位。当 position 属性的取值为 absolute 时，可以将元素的定位模式设置为绝对定位。

使用绝对定位的示例代码如下。

```
<! DOCTYPE html>
<html>
    <head>
        <meta charset="utf-8">
        <title>静态定位</title>
        <style type="text/css">
            . boxl{
            width: 200px;
            height: 200px;
            background-color: red;
            font-size: 60px;
            text-align:center;
            }
            . box2{
            width: 200px;
            height: 200px;
            background-color: yellow;
            font-size: 60px;
            text-align:center;
            }
            . box3{
            width: 200px;
            height: 200px;
            background-color: green;
            font-size: 60px;
            text-align:center;
            position:absolute;
            top:10;
            }
        </style>
    </head>
    <body>
    <div class="boxl">1</div>
    <div class="box2">2
        <div class="box3">3</div>
    </div>
    <body>
</html>
```

使用浏览器预览，绝对定位效果如图 4-18 所示。

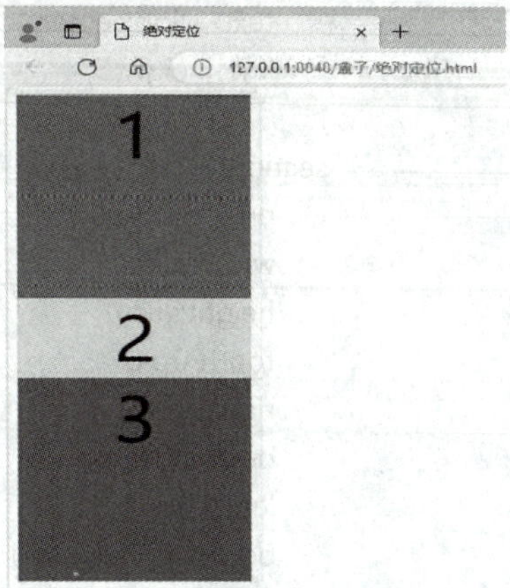

图 4-18　绝对定位效果

2. 固定定位

固定定位是绝对定位的一种特殊形式，它以浏览器窗口作为参照物来定义网页元素。当 position 属性的取值为 fixed 时，即可将元素的定位模式设置为固定定位。

当对元素设置固定定位后，它将脱离标准文档流的控制，始终依据浏览器窗口来定义自己的显示位置。不管浏览器滚动条如何滚动，也不管浏览器窗口大小如何变化，该元素都会始终显示在浏览器窗口的固定位置。

使用固定定位的示例代码如下。

```
<! DOCTYPE html>
<html>
    <head>
        <meta charset="utf-8">
        <title>固定定位</title>
        <style type="text/css">
        header{
            position:fixed;
            width:100%;
            height:100px;
            top:0px;
            right:Opx;
            bottom:auto;
            left:0px;
            border:1px dashed black;
            background-color:red;
            text-align:center;
            line-height:5;
        }
        aside {
            position:fixed;
            width:200px;
            height:auto;
            top:100px;
            right: auto;
            bottom:100px;
            left:0px;
            border:lpx dashed black;
            background-color:#f6edc6;
```

```
            text-align:center;
            line-height:5;
        }
        section{
            position:fixed;
            width:auto;
            height:auto;
            top:100px;
            right:0px;
            bottom:100px;
            left:200px;
            border:1px dashed black;
            background-color:yellow;
            text-align:center;
            line-height:5;
        }
        footer{
            position:fixed;
            width:100%;
            height:100px;
            top:auto;
            right:0;
            bottom:0;
            left:0px;
            border:1px dashed black;
            background-color:#ccc;
            text-align:center;
            line-height:5;
        }
        </style>
    </head>
    <body>
        <header>页面</header>
        <aside>侧栏</aside>
        <section>内容</section>
        <footer>页脚</footer>
    </body>
</html>
```

使用浏览器预览，固定定位效果如图 4-19 所示。

4.2.4　z-index 层叠等级属性

在 CSS 中，z-index 属性用于控制元素在页面上的堆叠顺序，数值低的会被数值高的遮住，层叠示意图如图 4-20 所示。

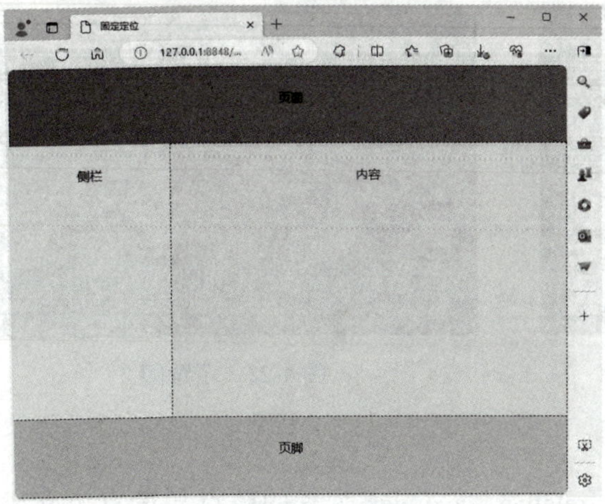

图 4-19　固定定位效果

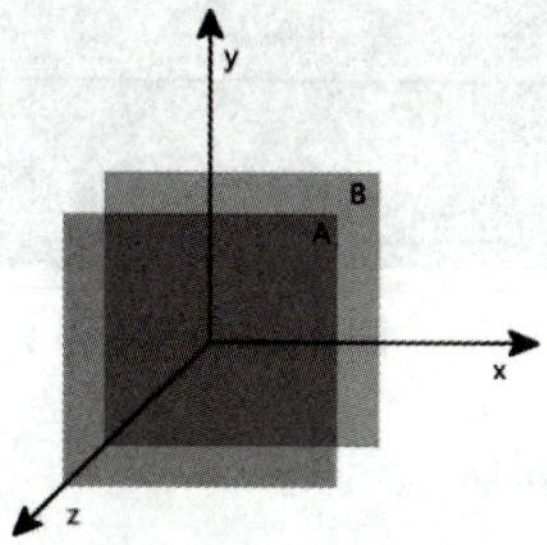

图 4-20　层叠示意图

对于同级元素，默认(或 position：static)情况下文档流后面的元素会覆盖前面的。

对于同级元素，position 不为 static 且 z-index 存在的情况下 z-index 大的元素会覆盖 z-index 小的元素，即 z-index 越大优先级越高。

z-index 为 auto 的元素不参与层级关系的比较，由向上遍历至此且 z-index 不为 auto 的元素来参与比较。

在使用 z-index 属性时，需要遵循以下规则。

1. 顺序规则

如果不对节点设定 position 属性，位于文档流后面的节点会遮盖前面的节点。其代码如下，其示意图如图 4-21 所示。

```
<div id ="a">A</div>
<div id ="b">B</div>
```

2. 定位规则

如果将 position 设为 static，位于文档流后面的节点依然会遮盖前面的节点浮动，所以 position：static 不会影响节点的遮盖关系。其代码如下。

```
<div id ="a" style ="position:static;">A</div>
<div id ="b">B</div>
```

如果将 position 设为 relative，absolute 或 fixed，这样的节点会覆盖没有设置 position 属性或者属性值为 static 的节点，说明前者比后者的默认层级高。代码如下，其示意图如图 4-22 所示。

```
<div id ="a" style ="position:relative;">A</div>
<div id ="b">B</div>
```

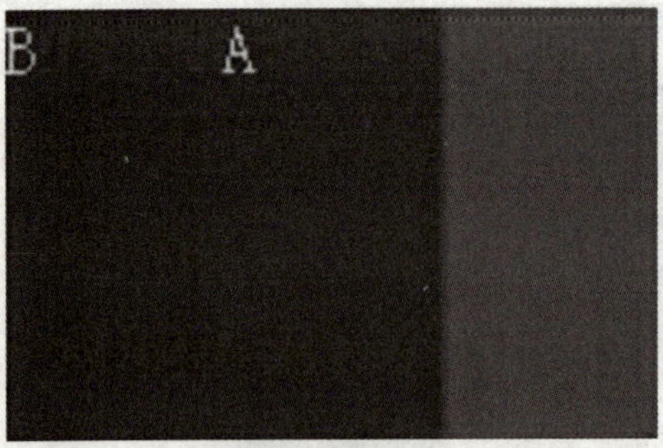

图 4-21　示意图 1

图 4-22　示意图 2

3. 默认值规则

如果所有节点都定义了 position：relative，z-index 为 0 的节点与没有定义 z-index 在同一层级内，没有高低之分；但 z-index 大于等于 1 的节点会遮盖没有定义 z-index 的节点；z-index 的值为负数的节点将被没有定义 z-index 的节点覆盖。

4. 从父规则

如果 A，B 节点都定义了 position：relative，A 节点的 z-index 比 B 节点大，那么 A 的子节点必定覆盖在 B 的子节点前面。

使用 z-index 属性的示例代码如下。

```
<! DOCTYPE html>
<html>
    <head>
        <meta charset="utf-8">
        <title> </title>
    <style>
        . box1 {
            position: absolute;
            width: 100px;
            height: 100px;
            background-color: red;
            z-index: 2; /* 较高的 z-index 值 */
        }

        . box2 {
            position: absolute;
            width: 200px;
            height: 200px;
            background-color: blue;
            z-index: 1; /* 较低的 z-index 值 */
        }
    </style>
    </head>
```

```
    <body>
        <div class="box1"></div>
        <div class="box2"></div>
    </body>
</html>
```

使用浏览器预览，z-index 属性效果如图 4-23 所示。

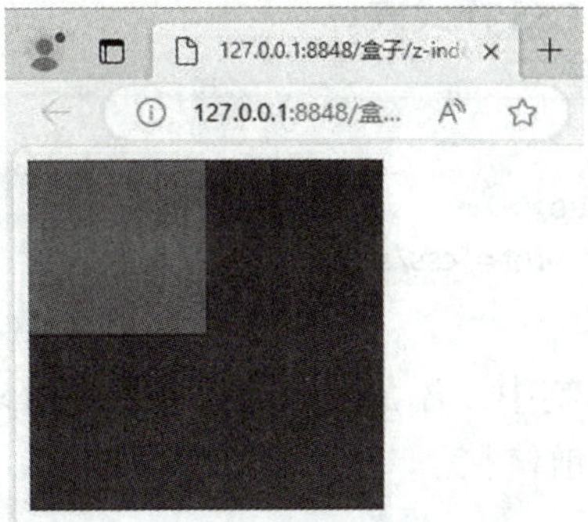

图 4-23　z-index 属性效果

案例　制作地域特产推介网页

通过制作地域特产推介网页，可以充分展示地方特色和文化底蕴，让更多人了解和认识到当地的独特魅力和丰富物产。利用 HTML5 技术搭建美观、互动性强的网页，吸引用户浏览和购买地域特产，拓宽销售渠道，促进地域特产产业的发展。借助现代化的信息技术手段，全方位、立体地展现地域特产品质与文化内涵，促进特产经济的发展，并为广大消费者提供便利的网购体验。地域特产推介网页效果如图 4-24 所示。

制作地域特产推介网页

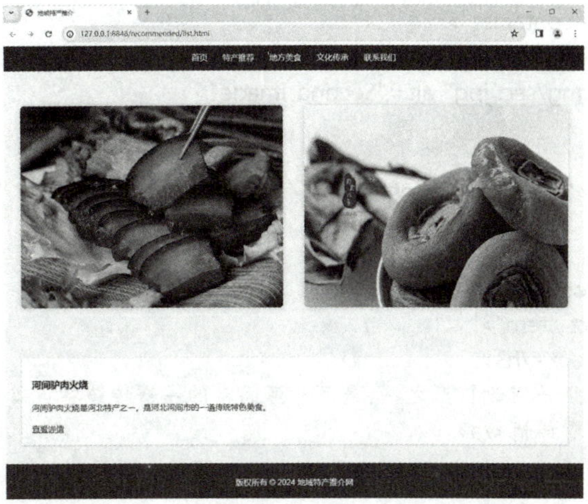

图 4-24　地域特产推介网页效果

制作地域特产推介网页如下。

(1)在 HBuilderX 中新建普通项目，命名为 recommended，在项目类别中选择“基本 HTML 项目”模板。

(2)在 recommended 项目上右击，在弹出的快捷菜单中选择“新建”→“html 文件”，打开“新建 html 文件”对话框，输入名称为 list. html，单击“创建”按钮。

(3)单击 list. html 文件进入代码编辑窗口。在<title></title>标签中设置网页标题为“地域特产推荐”并引入外部 CSS 样式表。

```
<head>
  <meta charset="UTF-8">
   <title>地域特产推介</title>
      <link rel="stylesheet" href="css/style. css">
</head>
```

(4)在<body></body>标签中，添加<header></header>标签。并在<header>标签内添加<div></div>标签以及导航链接。

```
<header class="navbar">
    <div class="container">
      <ul>
        <li><a href="#">首页</a></li>
        <li><a href="#">特产推荐</a></li>
        <li><a href="#">地方美食</a></li>
        <li><a href="#">文化传承</a></li>
        <li><a href="#">联系我们</a></li>
      </ul>
    </div>
  </header>
```

(5)在<body></body>标签中，添加<main></main>标签。在<main>标签中添加一组<div></div>标签用来放置特产图片，并设置好 id 和 CSS。

```
<div class="image-container">
      <img src="img/first. jpg" alt="First Image">
      <img src="img/sec. jpg" alt="Second Image">
  </div>
```

(6)在<main>标签中添加一组<section></section>标签并设置好 CSS。然后在<section>标签中放置特产列表。

```
<section class="product-list">
<div class="product-item">
   <h3>河间驴肉火烧</h3>
   <p>河间驴肉火烧是河北特产之一,是河北河间市的一道传统特色美食。</p>
   <a href="#">查看详情</a>
</div>
<! --更多特产项目-->
</section>
```

(7)在<body>标签中再添加一组<footer></footer>标签。

```
<footer class ="footer- bar">
    <p>版权所有 © 2024 地域特产推介网</p>
</footer>
```

(8)在 recommended 项目下的 CSS 文件夹上右击，在弹出的快捷菜单中选择“新建”→“css 文件”，打开“新建 CSS 文件”对话框，命名为 styles. css，单击“创建”按钮。

(9)单击步骤(8)中新建的 styles. css 文件打开代码编辑窗口，首先设置全局样式和页面主题布局。

```
* {
        box- sizing: border- box;
    }
    /* 页面主体布局 * /
    body {
      font- family: Arial, sans- serif;
      line- height: 1. 6;
      margin: 0;
      padding: 20px;
      background- color: #f8f8f8;
    }
    . container {
      max- width: 1200px;
      margin: 0 auto;
      padding: 0 1rem;
    }
```

(10)在 style. css 文件中，使用对导航菜单内的样式进行设置(绝对定位)。

```
/* 导航栏(绝对定位) * /
. navbar {
        position: fixed;
        top: 0;
        left: 0;
        width: 100%;
        height: 50px;
        background- color: #333;
        z- index: 100; /* 设置层叠等级高于其他元素 * /
}
. navbar ul {
        list- style- type: none;
        margin: 0;
        padding: 0;
        display: flex;
        justify- content: center;
```

```
    }
    . navbar li {
        padding: 0 15px;
    }
    . navbar a {
        color: #fff;
        text- decoration: none;
        font- size: 16px;
        line- height: 50px;
    }
```

(11)继续在 style. css 文件中，对地域特产轮播图样式设置(相对定位)、特产详情区域样式进行设置(静态定位)。

```
/* 地域特产轮播图(相对定位) * /
    . carousel {
        position: relative;
        width: 100%;
        height: 400px;
        overflow: hidden;
    }
    . carousel . slide {
        position: absolute;
        width: 100%;
        height: 100%;
        opacity: 0;
        transition: opacity 1s ease- in- out;
    }
    . carousel . slide. active {
        opacity: 1;
        z- index: 2; /* 控制当前显示的图片位于最上层 * /
    }
    /* 特产详情区域(静态定位) * /
    . product- list {
        margin- top: 100px; /* 考虑到顶部导航栏高度 * /
        display: grid;
        grid- template- columns: repeat(auto- fit, minmax(300px, 1fr));
        grid- gap: 20px;
    }
    . product- item {
        background- color: #fff;
        padding: 20px;
        box- shadow: 0 2px 4px rgba(0, 0, 0, 0. 1);
    }
. image- container {
```

```
    display: flex;
    justify-content: space-between;
    margin-top: 100px;
}
.image-container img {
    max-width: 48%; /* 设置图片宽度 */
    border-radius: 8px; /* 添加圆角效果 */
    box-shadow: 0 0 10px rgba(0, 0, 0, 0.1); /* 添加阴影效果 */
}
```

(12)在 style.css 文件中，对底部版权信息样式进行设置(固定定位)。

```
/* 固定底部工具栏(固定定位) */
.footer-bar {
    position: fixed;
    bottom: 0;
    left: 0;
    width: 100%;
    background-color: #333;
    color: #fff;
    padding: 10px;
    text-align: center;
    z-index: 99; /* 层叠等级低于导航栏,但高于内容区域 */
}
```

任务评价

评价内容	评价标准	分值	学生自评	老师评估
元素的定位和偏移	能够通过 position 属性进行定位和偏移	10		
静态定位和相对定位	能够对元素进行静态定位	10		
	能够对元素进行相对定位	10		
绝对定位和固定定位	能够对元素进行绝对定位	10		
	能够对元素进行固定定位	10		
z-index 层叠等级属性	能够使用 z-index 层叠等级属性	10		
制作地域特产推广网页	能够制作地域特产推广网页	40		
总分		100		

任务 3　网页动态效果

任务描述

动态效果能够迅速吸引用户的注意力，使网页内容更加生动有趣，如动画、过渡等。当用户浏览网页时，动态元素的变化能够引起他们的好奇和兴趣，从而增加用户在网站上的停留时间。

任务分析

通过本任务的学习，读者能掌握渐变、变形、过渡和动画的基本语法和属性，最后利用所学知识制作黄河景色展示网页。

任务重点与实施

4.3.1　渐变

渐变可以在两个或多个指定的颜色之间显示平稳的过渡。要实现盒子背景颜色的渐变效果，常见的有两种：线性渐变（linear-gradient）和径向渐变（radial-gradient）。

1. 线性渐变（ linear gradient ）

基本语法如下。

```
background: linear- gradient(direction, color- stop1, color- stop2, . . . );
```

其属性说明如下。

（1）direction：指定渐变方向，包括向下（to bottom）、向上（to top）、向左（to left）、向右（to right）和 对角方向（to bottom right），默认为从上到下渐变。

（2）color-stop：指定渐变的起点、终点颜色。

线性渐变的示例代码如下。

```
<! DOCTYPE html>
<html>
    <head>
        <meta charset ="utf- 8">
        <title>线性渐变 </title>
        <style type ="text/css">
            div{
```

```
                width:200px;
                height:120px;
                margin:20px;
                padding:10px;
            }
            #box1{
                background:linear-gradient(red, blue);
            }
            #box2{
                background:linear-gradient(to right,red, blue);
            }
            #box3{
                background:linear-gradient(to bottom right,red, blue);
            }
        </style>
    </head>
    <body>
        <div id="box1"></div>
        <div id="box2"></div>
        <div id="box3"></div>
    </body>
</html>
```

使用浏览器预览，线性渐变效果如图 4-25 所示。

2. 径向渐变（radial-gradient）

基本语法如下。

```
background:radial-gradient(shape size at position,start-color,...,last-color);
```

其属性说明说明如下。

(1) shape：指定渐变形状，它可以是 circle 或 ellipse，其中，circle 表示圆形，ellipse 表示椭圆形，默认为椭圆。

(2) size：指定渐变的大小。

(3) start-color：指定径向渐变的开始颜色。

(4) last-color：指定径向渐变的结束颜色。

径向渐变的示例代码如下。

```
<! DOCTYPE html>
<html>
    <head>
        <meta charset="utf-8">
        <title>径向渐变</title>
        <style type="text/css">
            div{
```

```
                width:200px;
                height:120px;
                margin:20px;
            }
            #box1{
                background:radial-gradient(red,yellow,blue);
            }
            #box2{
                background:radial-gradient(red 10%, yellow 20%,blue);
            }
            #box3{
                background:radial-gradient(circle,red,yellow,blue);
            }
        </style>
    </head>
    <body>
        <div id="box1"></div>
        <div id="box2"></div>
        <div id="box3"></div>
    </body>
</html> </html>
```

使用浏览器预览，径向渐变效果如图 4-26 所示。

图 4-25　线性渐变效果

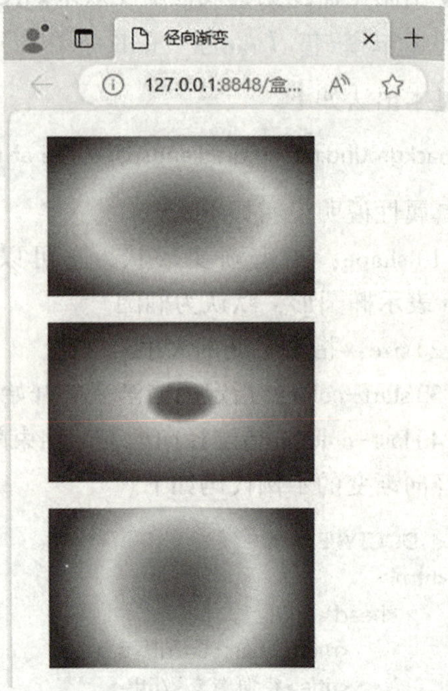

图 4-26　径向渐变效果

4.3.2　变形

变形操作不会改变元素的实际尺寸，也不会影响布局或文档流，但可以用于创建动画效果或对用户交互做出响应。

在 CSS3 中主要通过 transfrom 属性实现文字或图像的变形，包括移动、缩放、旋转、拉长和拉伸等。

使用变形时，需要注意以下几点。

(1)变形的原点默认是元素的中心点，但可以使用 transform-origin 属性来改变原点的位置。

(2)变形函数可以组合在一起使用，以逗号分隔。

(3)变形操作不会影响其他元素的位置或布局。

1. 旋转

旋转可以使用 rotate( )函数实现。rotate( )函数通过指定的角度参数使元素相对原点进行旋转。它主要在二维空间内进行操作，设置一个角度值，用来指定旋转的幅度。如果这个值为正值，元素相对原点中心顺时针旋转；如果这个值为负值，元素相对原点中心逆时针旋转。

旋转图形的示例代码如下。

```
<! DOCTYPE html>
<html>
    <head>
        <meta charset="utf-8">
        <title>旋转图形</title>
        <style type="text/css">
            . wrapper{
                width:200px;
                height:200px;
                border:1px dotted red;
                margin:100px;
            }
            . wrapper div{
                width:200px;
                height:200px;
                background:yellow;
                -webkit-transform:rotate(45deg);
                transform:rotate(45deg);
            }
        </style>
    </head>
    <body>
        <div class="wrapper">
```

```
        <div></div>
        </div>
    </body>
</html>
```

使用浏览器预览，旋转图形效果如图 4-27 所示。

2. 缩放

元素的缩放可以使用 scale( ) 函数实现。scale( ) 函数通过指定的缩放倍数使元素相对中心原点进行缩放。

scale( ) 函数具有以下 3 种情况。

(1) scale(x, y) 使元素水平方向和垂直方向同时缩放。Y 是一个可选参数，如果没有设置 Y 值，则表示 X, Y 两个方向的缩放倍数是一样的。

(2) scalex(x) 使元素仅水平方向缩放。

(3) scaley(y) 使元素仅垂直方向缩放。

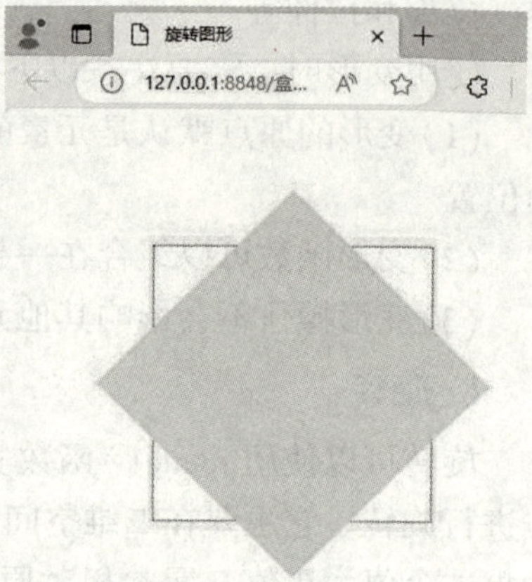

图 4-27　旋转图形效果

缩放图形的示例代码如下。

```
<! DOCTYPE html>
<html>
    <head>
        <meta charset = "utf- 8">
        <title>缩放图形</title>
        <style type = "text/css">
            . wrapper{
                width:200px;
                height:200px;
                border:2px dotted red;
                margin:100px;
            }
            . wrapper div{
                width:200px;
                height:200px;
                background:yellow;
                }
            . wrapper div:hover{
                - webkit- transform:scale(2,1. 5);
                - moz- transform:scale(2,1. 5);
                transform:scale(2,1. 5);
            }
        </style>
    </head>
```

```
    <body>
        <div class="wrapper">
        <div></div>
        </div>
    </body>
</html>
```

使用浏览器预览，缩放图形效果如图 4-28 所示。

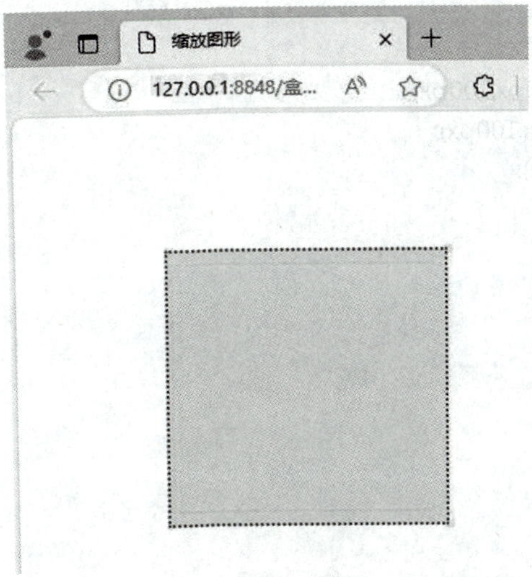

（a）缩放前

（b）缩放后

图 4-28　缩放图形效果

3. 移动

元素的移动可以使用 translate( ) 函数实现。使用 translate( ) 函数，可以把元素从原来的位置移动，而不影响在 X、Y 轴上的任何 Web 组件。

translate( ) 函数具有以下 3 种情况。

(1) translate(x，y) 使元素水平方向和垂直方向同时移动。Y 是一个可选参数，如果没有设置 Y 值，则表示 X，Y 两个方向的移动距离是一样的。

(2) translate$X$(x) 使元素仅水平方向移动。

(3) translate$Y$(y) 使元素仅垂直方向移动。

移动图形的示例代码如下。

```
<! DOCTYPE html>
<html>
    <head>
        <meta charset="utf-8">
        <title>移动图形</title>
        <style type="text/css">
```

```
            . wrapper{
                width:200px;
                height:200px;
                border:2px dotted red;
                margin:100px;
            }
            . wrapper div{
                width:200px;
                height:200px;
                background:yellow;
                - webkit- transform:translate(50px,100px);
                - moz- transform:translate(50px,100px);
                transform:translate(50px,100px);
                }
        </style>
    </head>
    <body>
        <div class = "wrapper">
        <div></div>
        </div>
    </body>
</html>
```

使用浏览器预览，移动图形效果如图 4-29 所示。

4. 倾斜

元素的移动可以使用 skew( ) 函数实现。使用 skew( ) 函数，可以把元素以其中心位置围绕着 X 轴和 Y 轴按照一定的角度倾斜。这与 rotate( ) 函数的旋转不同，rotate( ) 函数只是旋转，而不会改变元素的形状。skew( ) 函数不会旋转，而只会改变元素的形状。

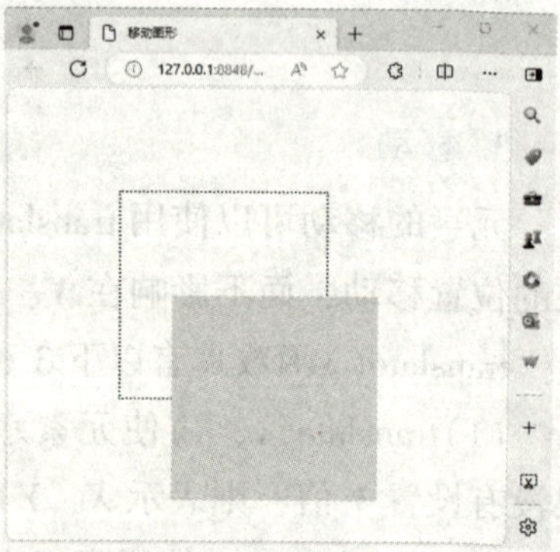

图 4-29　移动图形效果

skew( ) 函数具有以下 3 种情况。

(1) skew(x, y) 使元素水平方向和垂直方向同时倾斜。如果第 2 个参数未提供，则值为 0，也就是在 Y 轴方向上无倾斜。

(2) skew$X$(x) 使元素仅水平方向倾斜。

(3) skew$Y$(y) 使元素仅垂直方向倾斜。

5. 矩阵变形

在 CSS3 中，可以通过 matrix( ) 函数对矩阵变形来实现各种变形效果。该函数包含 6 个参数，分别是 a、b、c、d、e 和 f 参数。

4.3.3　过渡

通常当 CSS 的属性值更改后，浏览器会立即更新相应的样式，例如，当鼠标悬停在元素上时，通过 hover 选择器定义的样式会立即应用在元素上。在 CSS3 中加入了一项过渡功能，通过该功能可以将元素从一种样式在指定时间内，平滑的过渡到另一种样式，类似于简单的动画，但无需借助 flash 或 JavaScript。

在 CSS 中创建简单的过渡效果可以从以下几个步骤来实现。

(1)在默认样式中声明元素的初始状态样式。

(2)声明过渡元素最终状态样式，比如悬浮状态。

(3)在默认样式中通过添加过渡函数，添加一些不同的样式。

在 CSS3 中主要通过 transition 属性来实现过渡功能，transition 属性是一个复合属性，主要包括 transition-property、transition-duration、transition-timing-function 和 transition-delay4 个子属性，其基本语法如下。

```
transition: transition-property transition-duration transition-timing-function transition-delay;
```

其中，transition-property 和 transition-duration 为必填参数，transition-timing-function 和 transition-delay 为选填参数，如非必要可以省略不写。

1. transition-property 属性

用来设置元素中参与过渡的属性名称，语法格式如下。

```
transition-property:none|all|property;
```

其参数说明如下。

(1)none：表示没有属性参与过渡效果。

(2)all：表示所有属性都参与过渡效果。

(3)property：定义应用过渡效果的 CSS 属性名称列表，多个属性名称之间使用逗号，进行分隔。

2. transition-duration 属性

用来设置过渡需要花费的时间(单位为 s 或者 ms)，语法格式如下。

```
transition-duration: time;
```

其中，time 为完成过渡效果需要花费的时间(单位为 s 或 ms)，默认值为 0，意味着不会有效果。

如果有多个参与过渡的属性，也可以依次为这些属性设置过渡需要的时间，多个属性之间使用逗号进行分隔，例如，“transition-duration：1 s，2 s，3 s;”。除此之外，也可以使用一个时间来为所有参与过渡的属性设置过渡所需的时间。

3. transition-timing-function 属性

用来设置过渡动画的类型。其属性值说明如下。

(1)linear：以始终相同的速度完成整个过渡过程，等同于 cubic-bezier(0，0，1，1)。

(2)ease：以慢速开始，然后变快，然后慢速结束的顺序来完成过渡过程，等同于 cubic-bezier(0.25，0.1，0.25，1)。

(3)ease-in：以慢速开始过渡的过程，等同于 cubic-bezier(0.42，0，1，1)。

(4)ease-out：以慢速结束过渡的过程，等同于 cubic-bezier(0，0，0.58，1)。

(5)ease-in-out：以慢速开始，并以慢速结束的过渡效果，等同于 cubic-bezier(0.42，0，0.58，1)。

(6)cubic-bezier(n，n，n，n)：使用 cubic-bezier()函数来定义自己的值，每个参数的取值范围在 0～1。

4. transition-delay 属性

用来设置过渡效果何时开始，语法格式如下。

```
transition-delay: time;
```

其中，参数 time 用来设置在过渡效果开始之前需要等待的时间，单位为 s 或 ms。

过渡图形的示例代码如下。

```
<! DOCTYPE html>
<html>
    <head>
        <meta charset="utf-8">
        <title>过渡</title>
        <style type="text/css">
        div {
            width: 100px;
            height: 100px;
            border: 3px solid black;
            margin: 10px 0px 0px 10px;
            transition: width .25s linear 1.9s, background 1s 2s, transform 2s;
        }
        div:hover {
            width: 200px;
            background-color: red;
            transform: rotate(180deg);
            }
        </style>
</head>
    <body>
        <div></div>
    </body>
</html>
```

使用浏览器预览，过渡效果如图 4-30 所示。

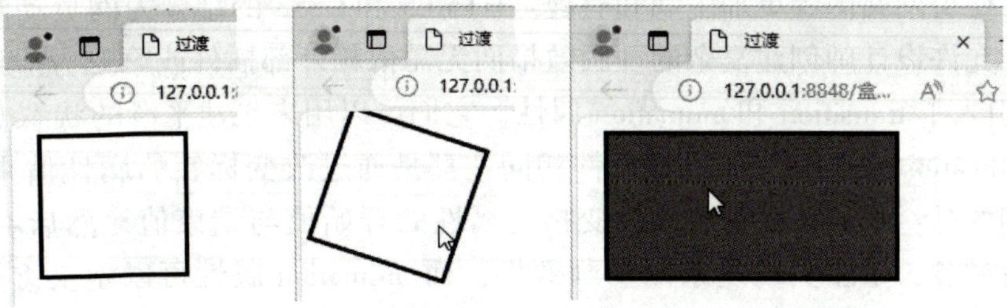

（a）　　（b）　　（c）

图 4-30　过渡效果

过渡图形示例代码是使用 transition 属性组合定义实现过渡效果，也可以使用 transition 属性的子属性实现过渡效果，其代码如下。

```
<! DOCTYPE html>
<html>
    <head>
    <meta charset="utf-8">
    <title>过渡</title>
    <style type="text/css">
        div {
            width: 100px;
            height: 100px;
            border: 3px solid black;
            margin: 10px 0px 0px 10px;
            transition-property: width, background, transform;
            transition-duration: .25s, 1s, 2s;
            transition-timing-function: linear, ease, ease;
            transition-delay: 1.9s, 2s, 0s;
        }
        div:hover {
            width: 200px;
            background-color: red;
            transform: rotate(180deg);
            }
    </style>
</head>
    <body>
        <div></div>
    </body>
</html>
```

4.3.4　动画

在网页设计中，动画是一种强大的视觉工具，它能够吸引用户的注意力，增强用户体验，并使得网站内容更加生动和有趣。HTML5 和 CSS3 的结合为网页动画提供了丰富的功能，允许设计师创建复杂的动画效果而无需依赖外部插件或第三方应用。

CSS3 引入了 transition 和 animation 属性，它们可以用来创建平滑的状态变化和关键帧动画。animation 属性与 transition 属性相同，都是通过改变标签的属性值来实现动画效果。不同的是：transition 属性只改变指定属性的开始值与结束值，然后在属性值之间进行平滑过渡，不能实现复杂的动画效果；而 animation 属性可以定义多个关键帧，通过每个关键帧中标签的属性值来实现复杂的动画效果。

创建动画序列，需要使用 animation 属性或其子属性，该属性允许配置动画时间、时长以及其他动画细节，但该属性不能配置动画的实际表现，动画的实际表现是由@keyframes 规则实现。

下面介绍@keyframes 规则和 animation 子属性。

1. @keyframes

keyframes(关键帧)在 css 中可以通过@keyframes 来设置关键帧动画，并指定动画名称供使用者锁定。

2. animation-name

animation-name 指定由@keyframes 描述的关键帧名称。

3. animation-duration

animation-duration 用于设置动画持续时间，默认值为 0 s，也就是说，若不配置 animation-duration 则默认情况下是没有动画效果的，即便使用 animation-name 锁定了动画名称，由于动画持续时间为 0 s，所以没有效果。

4. animation-timing-function

animation-timing-function 用于定义时间函数，通过这个选项，可配置动画随时间的运动速率和轨迹。其属性值说明如下。

(1) linear：动画从头到尾的速度是相同的。

(2) ease：默认值，动画以低速开始，然后加快，在结束前变慢。

(3) ease-in：动画以低速开始。

(4) ease-out：动画以低速结束。

(5) ease-in-out：动画以低速开始和结束。

(6) cubic-bezier(n，n，n，n)：使用 cubic-bezier() 函数来定义动画的播放速度，参数的取值范围为 0 ~ 1。

5. animation-delay

animation-delay 用于设置动画延迟时间，单位为 s。当同时使用多个动画时，这个属性使用频率非常高，可依次定义每个动画的延迟执行时间，区分开每个动画。

6. animation-iteration-count

animation-iteration-count 用于设置动画执行的次数，默认值为 1 只执行一次。如果设置属性为 infinite，则使动画无限重复。

7. animation-direction

animation-direction 用于设置动画执行方向，其属性值说明如下。

(1) normal：默认值。动画按正常播放。

(2) reverse：动画反向播放。

(3) alternate：动画正向交替执行(正向->反向) loop。

(4) alternate-reverse：动画反向交替执行(反向->正向) loop。

(5) inherit：从父元素继承该属性。

8. animation-fill-mode

用于设置动画的填充模式，其属性值说明如下。

(1) none：默认值。动画在动画执行前后，不会应用任何样式到目标元素。

(2) forwards：在动画结束后(由 animation-iteration-count 决定)，目标元素将保持应用最后帧动画。

(3) backwards：在动画结束后(由 animation-iteration-count 决定)，目标元素将保持应用起始帧动画。

9. animation-play-state

设置动画是否正在运行或暂停，默认是 running。如果设置为 paused，动画将停止执行。

animation 属性是以上几个子属性的简写形式，通过 animation 属性可以同时定义上述的多个属性。

制作动画的示例代码如下。

```
<! DOCTYPE html>
<html>
    <head>
        <meta charset="utf-8">
        <title>动画</title>
        <style type="text/css">
            @keyframes box {
              0%  {transform: rotate(0);}
              50%  {transform: rotate(0.5turn);}
              100%  {transform: rotate(1turn);}
            }
            div {
               width: 100px;
               height: 100px;
               float: left;
               border: 3px solid black;
               margin: 20px 0px 0px 20px;
               text-align: center;
```

```
                line-height: 100px;
                animation: box 2s linear 1s infinite alternate;
            }
        </style>
</head>
        <body>
            <div></div>
        </body>
</html>
```

使用浏览器预览，其效果如图 4-31 所示。

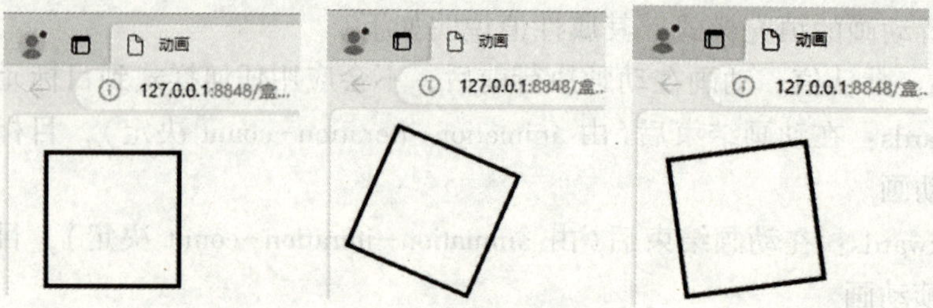

（a）　　（b）　　（c）

图 4-31　动画效果

制作动画示例代码是使用 animation 属性组合定义实现动画效果，也可以使用 animation 属性的子属性实现动画效果，其代码如下。

```
<! DOCTYPE html>
<html>
    <head>
        <meta charset="utf-8">
        <title>动 画 </title>
        <style type="text/css">
            @keyframes box {
                0% {transform: rotate(0);}
                50% {transform: rotate(0. 5turn);}
                100% {transform: rotate(1turn);}
            }
            div {
                width: 100px;
                height: 100px;
                  float: left;
                  border: 3px solid black;
                  margin: 20px 0px 0px 20px;
                text-align: center;
                  line-height: 100px;
```

```
                    animation-name: box;
                    animation-duration:2s;
                    animation-timing-function:linear;
                    animation-delay:1s;
                    animation-iteration-count:infinite;
                    animation-direction:alternate;
                }
        </style>
</head>
        <body>
            <div> </div>
        </body>
</html>
```

案例　制作黄河景色展示网页

通过制作的 HTML5 网页生动展现出黄河沿线各具特色的自然风光、人文景观。该网页传达黄河流域生态保护的重要性，体现黄河治理与保护的最新进展和成效，倡导绿色发展理念，促进公众对环境保护的关注和支持。从而让用户能够更加直观地了解黄河的历史、地理、生态及其对我国经济社会发展的深远影响。效果如图 4-32 所示。

制作黄河景色展示网页

图 4-32　黄河景色展示网页效果

制作黄河景色展示网页步骤如下。

(1) 在 HBuilderX 中新建普通项目，命名为 YellowRiver，在项目类别中选择“基本 HTML 项目”模板。

(2)单击 YellowRiver 项目下的 index. html 文件进入代码编辑窗口。在<title></title>标签中设置网页标题为“黄河景色展示”并引入外部 CSS 样式表。

```
<head>
  <meta charset="UTF-8">
  <link rel="stylesheet" href="css/styles. css">
    <title>黄河壮丽景观——中华的母亲河之美</title>
</head>
```

(3)在<body></body>标签中，添加<header></header>标签。并在<header>标签内添加一级标题。

```
<header class="header">
    <h1>黄河之美——中华的母亲河</h1>
    <! --导航栏等组件 -->
  </header>
```

(4)在<body></body>标签中，添加<main></main>标签。在<main>标签中添加一组<div></div>标签用来放置黄河景色图片，并设置好 ID 和 CSS。同时将相关图片放置项目下的 img 文件夹中。

```
<main>
      <div class="carousel- container">
          <div class="carousel- slide animate">
            <img src="img/first. jpg" class="active" alt="黄河美景 1">
            <img src="img/second. jpg" alt="黄河美景 2">
            <img src="img/hukou. jpg" alt="黄河美景 3">
                  <img src="img/sec. jpg" alt="黄河美景 4">
                  <img src="img/shilin. jpg" alt="黄河美景 5">
          </div>
          <div class="carousel- nav">
            <button aria- label="上一张"><</button>
            <button aria- label="下一张">></button>
          </div>
      </div>
  </main>
```

(5)在<body>标签中再添加一组<footer></footer>标签。

```
<footer class="footer">
  <p>&copy; 2024 黄河文化旅游网版权所有 | 联系我们 | 用户协议 | 隐私政策</p>
</footer>
```

(6)在 recommended 项目下的 CSS 文件夹上右击，在弹出的快捷菜单中选择“新建”→“css 文件”，打开“新建 CSS 文件”对话框，命名为 styles. css，单击“创建”按钮。

(7)单击步骤(6)中新建的 styles. css 文件打开代码编辑窗口，首先设置全局样式和网页页眉样式。

```
/* 网页全局样式 * /
    * {
        box-sizing: border-box;
        margin: 0;
        padding: 0;
        font-family: Arial, '微软雅黑', sans-serif;
    }
    body {
        background-color: #f2f2f2;
        line-height: 1.6;
        color: #333;
    }
    header.header {
        background-color: #003366;
        color: #fff;
        text-align: center;
        padding: 1rem;
        position: relative;
    }
    header.header h1 {
        font-size: 2.5rem;
        margin: 0;
        letter-spacing: 0.1em;
        text-shadow: 2px 2px rgba(0, 0, 0, 0.2);
    }
```

(8)在 styles.css 文件中，添加轮播图区域及动画。

```
/* 添加轮播图区域及动画 * /
    .carousel-container {
        position: relative;
        overflow: hidden;
    }
    .carousel-slide {
        display: flex;
        width: 100%;
        height: 400px; /* 自定义高度 * /
        transition: transform 0.5s ease;
    }
    .carousel-slide img {
        width: 100%;
        height: 100%;
        object-fit: cover;
        opacity: 0.8;
        transition: opacity 0.3s ease;
    }
    .carousel-slide img.active {
```

```
        opacity: 1;
    }
/* 使用伪类实现自动切换 */
    .carousel-slide:before {
        content: "";
        display: block;
        padding-top: 100%; /* 维持正方形比例 */
    }
```

(9)继续在 styles.css 文件中，定义动画 keyframes。

```
    /* CSS 动画 keyframes 定义 */
    @keyframes carousel-animation {
      0% { transform: translateX(0); }
      100% { transform: translateX(-100%); }
    }
    .carousel-slide.animate {
      animation: carousel-animation 20s linear infinite;
    }
```

(10)在 styles.css 文件中，引入滑动按钮样式(此处仅展示基础样式，具体交互逻辑需 JavaScript 配合实现)以及对底部版权信息样式进行设置。

```
/* 引入滑动按钮样式 */
    .carousel-nav {
        position: absolute;
        bottom: 20px;
        left: 50%;
        transform: translateX(-50%);
        z-index: 1;
    }
    .carousel-nav button {
        background-color: rgba(255, 255, 255, 0.5);
        border: none;
        color: #333;
        cursor: pointer;
        font-size: 1.5rem;
        padding: 10px;
        margin: 0 10px;
        transition: background-color 0.3s ease;
    }
    .carousel-nav button:hover {
        background-color: rgba(255, 255, 255, 0.8);
    }
    footer.footer {
        background-color: #333;
```

```
        color: #fff;
        padding: 1rem;
        text-align: center;
        font-size: 0.8rem;
    }
```

任务评价

评价内容	评价标准	分值	学生自评	老师评估
渐变	会制作线性渐变效果	5		
	会制作径向渐变效果	5		
变形	会对元素进行旋转	10		
	会对元素进行缩放	10		
	会对元素进行移动	10		
	会对元素进行倾斜	10		
过渡	会制作过渡效果	10		
动画	会制作过渡效果	15		
制作黄河景色展示网页	会制作黄河景色展示网页	25		
总分		100		

项 目 小 结

本项目首先介绍了 CSS 盒子模型的基础知识，包括盒子模型的概念、边框、内边距、外边距的设置方法，以及文字阴影和盒子阴影的应用。通过实例代码展示了如何通过 CSS 控制元素的显示效果，包括边框样式、宽度、颜色的设置，以及内边距和外边距的调整。其次介绍了 overflow 属性、浮动概念及其清除方法，通过制作学习日用百科网页，强调了合理运用 CSS 盒子模型对于提升网页视觉效果的影响。再次介绍了元素定位方式，包括静态定位、相对定位、绝对定位和固定定位。通过地域特产推介网页，强调了布局技术对于提升网页视觉效果和用户体验的重要性。最后介绍了网页动态效果的实现，包括渐变、变形、过渡和动画，并通过黄河景色展示网页的案例，展示了如何将这些动态效果应用于实际网页设计中。通过本项目的学习，读者能够熟练运用盒子模型，设计出更多优秀且美观的网页。

项目习题

一、选择题

1. 在 CSS 中设置盒子内容溢出时，按需出现滚动条需要设置 overflow 的值为(　　)。

A. auto　　B. visible

C. hidden　　D. scroll

2. 利用清除属性可以设置某元素周围是否有浮动元素，若仅仅左边不允许有浮动元素，应设置为(　　)。

A. clear：both　　B. clear：left

C. clear：right　　D. clear：none

3. 使用 CSS 的 position 属性进行定位时(　　)表示和右边缘的距离。

A. top　　B. right

C. bottom　　D. left

4. CSS3 中哪个属性可以控制元素在堆叠上下文中的显示顺序？(　　)

A. z-index　　B. stack-order

C. stacking-context　　D. stacking-order

5. CSS3 中哪个属性用于实现元素的渐变背景效果？(　　)

A. background-gradient

B. background-color

C. background-image

D. background-linear-gradient

二、问答题

1. 什么是 CSS 盒子模型？
2. 简述浮动的作用。
3. 怎样处理溢出元素？
4. 描述 position 中的 4 个属性的意思。
5. 怎么可以让动画效果延迟 2 s 出现？

三、操作题

1. 制作新年贺词页

提示：制作如图 4-33 所示的新年贺词页。设置输入标题文本，设置文字阴影；分别设置文本样式，包括字体样式、边框样式以及分栏效果，然后输入内容。

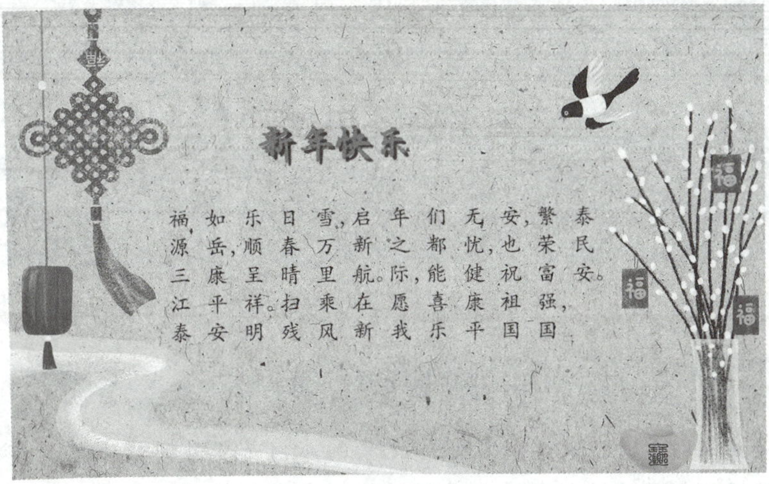

图 4-33　新年贺词页

2. 制作旅游资讯网页

提示：制作如图 4-34 所示的旅游资讯网页，使用 HTML5 中的语义元素和 div 创建页面的整体框架，创建 CSS 样式表，定义各个布局块的外观。

图 4-34　旅游资讯网页

项目5　表单和多媒体应用

项目导读

在构建交互式网页时，表单和多媒体元素的应用是提升用户体验的关键。表单允许用户输入数据，与网站进行互动，而多媒体则丰富了网页的内容，提供了视觉和听觉的双重享受。从用户登录、数据提交到视频播放和音频交互，这些元素的集成使得网站不再是单向的信息展示，而是变成了一个双向沟通的平台。本项目主要介绍表单和多媒体的应用方法。

学习目标

◆ **知识目标**

- 掌握 input 元素及其用法。
- 掌握 HTML5 新的表单属性。
- 熟练运用嵌入音频、视频及其他多媒体的方法。

◆ **技能目标**

- 能够在网页中熟练添加文本框、密码框、普通按钮、提交按钮、复选框等表单。
- 掌握在网页中嵌入音频、视频以及其他多媒体。
- 熟练制作读者会员注册网页。
- 熟练制作音乐播放器网页。

◆ **素质目标**

- 通过学习表单，培养学生尊重和保护个人信息的意识。
- 通过学习多媒体元素的应用，提升学生对多媒体内容的理解和创作能力。

思政目标

- 培养学生合理使用多媒体资源，增强学生的良好道德品质和守法意识。
- 培养学生的社会责任感和职业道德。

任务1　表　单

任务描述

表单不仅是用户与网站进行交互的重要桥梁，还是收集用户数据、实现网站功能的关键工具。通过合理设计和使用表单，可以提高用户体验和数据准确性，增强网站的功能性和安全性。

任务分析

通过对本任务的学习，读者能了解 HTML5 表单的结构与功能，能够利用所学知识制作“读者会员注册”网页。

任务重点与实施

5.1.1　表单及创建方法

表单是一种特殊的网页容器标签。用户可以插入各种普通的网页标签，也可以插入各种表单交互组件，从而获取用户输入的文本，或者选择某些特殊项目等信息。

表单支持客户端/服务器关系中的客户端。用户在 Web 浏览器(客户端)的表单中输入信息后单击“提交”按钮，这些信息将被发送到服务器。然后，服务器中的服务器端脚本或应用程序会对这些信息进行处理。服务器向用户(或客户端)返回所请求的信息或基于该表单内容执行某些操作，以此进行响应。

表单可以与多种类型的编程语言进行结合，同时也可以与前台的脚本语言合作，通过脚本语言快速控制表单内容。

在互联网中，很多网站都通过表单技术进行人机交互，包括各种注册网页、登录网页、搜索网页等，如图 5-1 所示。

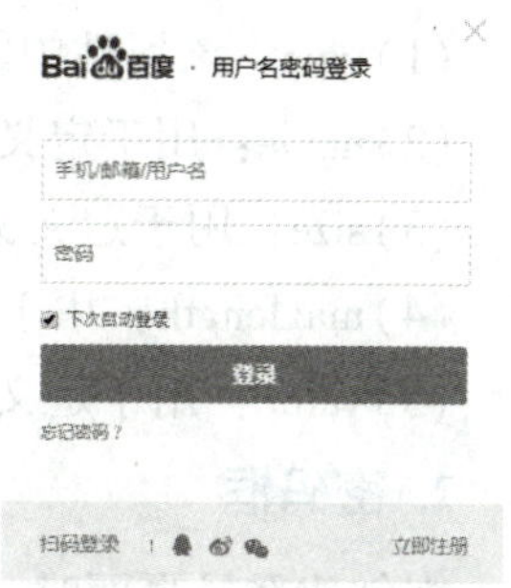

图 5-1　百度登录界面

一个表单有 3 个基本组成部分。

(1)表单标签：包含了处理表单数据所用的 URL 以及数据提交到服务器的方式。

(2)表单域(表单控件)：包含了文本框、密码框、隐藏域、多行文本框、复选框、单选框、下拉选择框和文件上传框等。

(3)表单按钮：包括提交按钮、复位(重置)按钮和一般按钮；用于将数据传送到服务器上或者取消输入，还可以用表单按钮来控制其他定义了处理脚本的处理工作。

表单标签为<form></form>，表单的基本语法如下。

```
<form action ="url" method ="get|post" enctype ="mime" target ="cdata"></form>
```

其具体属性如下。

(1)action：用于指定提交表单数据的请求 URL。

(2)method：表单数据发送至服务器的方法，常用的有两种 get/post。get 提交的用户输入的信息，显示在地址栏中，不安全，请求内容长度有限制，请求速度快。例如：京东、百度、淘宝首页的搜索数据，都是 get 提交；而 post 提交的用户输入的信息，不会显示在地址栏，安全，请求内容长度无限制(重要数据)，请求速度慢。例如，用户注册、用户登录，都是 post 提交。

5.1.2 input 元素及用法

input 元素用来定义输入控件。它可以实现各种各样的表单控件效果。根据不同的 type 属性值，输入字段拥有很多种形式，可以是文本字段、密码框、复选框、单选按钮、普通按钮、提交按钮等。

1. 文本框

在 HTML5 中，可通过该添加“文本框”表单域的方法来添加单行文本域。在网页中，用户可以在所添加的“文本框”中输入相应的内容，例如，输入姓名、年龄、地址等文本，其语法格式如下。

```
<input type ="text" name =". . . " size =". . . " maxlength =". . . " Value =". . . ">
```

其具体属性如下。

(1)type：该属性中的“text”属性值，用于定义属性的类型，也就是文本框类型。

(2)name：用于定义文本框的名称。

(3)size：用于定义文本框的宽度

(4)maxlength：用于定义输入的字符数。

(5)value：用于定义文本框的初始值。

2. 密码框

在创建登录页面时，需要创建一个密码文本域，以方便用户通过网站验证获取所使用的网页权限。

密码类型的文本域与其他文本域在形式上是一样的，用户在向文本域内输入内容时，密码类型的文本域则不显示输入的实例内容，只显示输入的位数。

表单密码元素的语法格式如下。

```
<input type="password" name="..." size="..." maxlength="...">
```

其具体属性如下。

（1）type：属性中的“password”属性值用于定义属性的类型，也就是定义表单密码。

（2）size：用于定义密码框的宽度。

（3）maxlength：用于定义字符数。

创建文本框和密码框的示例代码如下。

```
<! DOCTYPE html>
<html>
    <head>
        <meta charset="utf-8">
        <title>文本框和密码框</title>
    </head>
    <body>
    <form>
        用户名:<input type="text" name="user"> <br>
        密码:<input type="password" name="usepw">
    </form>
    </body>
</html>
```

使用浏览器预览，文本框和密码框效果如图 5-2 所示。

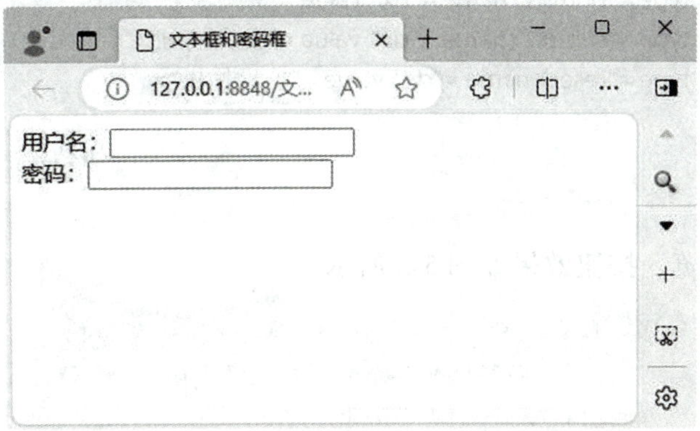

图 5-2　文本框和密码框效果

3. 普通按钮

用 button 定义可点击的按钮(通常与 JavaScript 一起使用来启动脚本)，该按钮需要绑定事件才可以用于提交数据。其语法格式如下。

```
<input type="button" name="..." value="..." onclick="...">
```

其具体属性如下。

(1) value：用于定义按钮的显示文字。

(2) onclick：用于定义其单击行为。

4. 提交按钮

Submit 类型的按钮可以提交表单，所以称为“提交”按钮。其语法格式如下。

```
<input type="submit" name="..." value="..." >
```

5. 重置按钮

重置按钮主要用于恢复表单中的信息，语法格式如下。

```
<input type="reset" name="..." value="..." >
```

创建普通按钮、提交按钮和重置按钮的示例代码如下。

```
<! DOCTYPE html>
<html>
    <head>
        <meta charset="utf-8">
        <title>按钮</title>
    </head>
    <body>
    <form>
        用户名:<input type="text" name="user"> <br>
        密码:<input type="password" name="usepw">
<p>
        <input type="button" name="dx" value="普通按钮">
        <input type="submit" name="dx" value="提交按钮">
        <input type="reset" name="dx" value="重置按钮">
    </form>
    </body>
</html>
```

使用浏览器预览，按钮效果如图 5-3 所示。

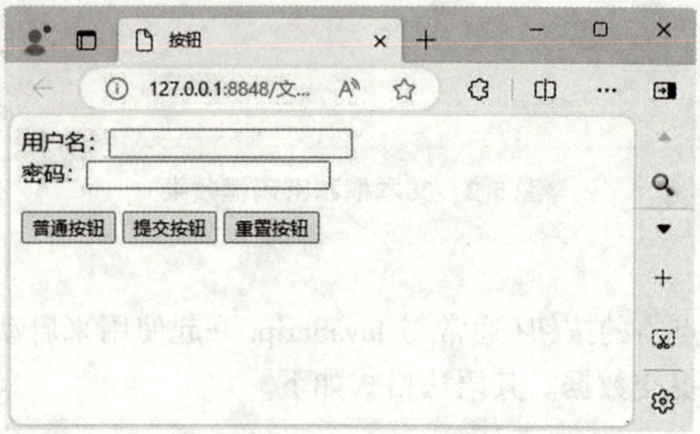

图 5-3　按钮效果

6. 复选框

复选框是一种允许用户同时选择多项内容的选择性表单对象，它在浏览器中以矩形框进行表示。插入复选框时，用户可以先插入一个域集，再将复选框或者复选框组插入到域集中，以表示为这些复选框添加标题信息。其语法格式如下。

```
<input type="checkbox" name="... " value="... ">
```

其中的 value 属性，用来定义复选框的值。

创建复选框的示例代码如下。

```
<! DOCTYPE html>
<html>
    <head>
        <meta charset="utf-8">
        <title>复选框</title>
    </head>
    <body>
    <form>
      请选择所学专业
<br>
        <input type="checkbox" name="user" value="会计"/>会计<br>
        <input type="checkbox" name="user" value="法学"/>法学<br>
        <input type="checkbox" name="user" value="机械"/>机械<br>
        <input type="checkbox" name="user" value="新闻"/>新闻<br>
</form>
     </body>
</html>
```

使用浏览器预览，其效果如图 5-4 所示。

7. 单选按钮

单选按钮也是一种选择性表单对象，它以组的方式出现，只允许用户同时选中其中一个单选按钮。当用户选中某一个单选按钮，其他单选按钮将自动转换为未选中的状态。其语法格式如下。

```
<input type="radio" name="... " value="... ">
```

创建单选按钮的示例代码如下。

```
<! DOCTYPE html>
<html>
    <head>
        <meta charset="utf-8">
        <title>单选按钮</title>
    </head>
    <body>
```

```
<form>
    请选择所学专业:
    <br>
    <input type="radio" name="user" value="会计" checked="checked"/>会计<br>
    <input type="radio" name="user" value="法学"/>法学<br>
    <input type="radio" name="user" value="机械"/>机械<br>
    <input type="radio" name="user" value="新闻"/>新闻<br>
</form>
</body>
</html>
```

使用浏览器预览，其效果如图 5-5 所示。网页打开默认“会计”单选按钮被选中，是因为在 input 中设置了属性 checked。

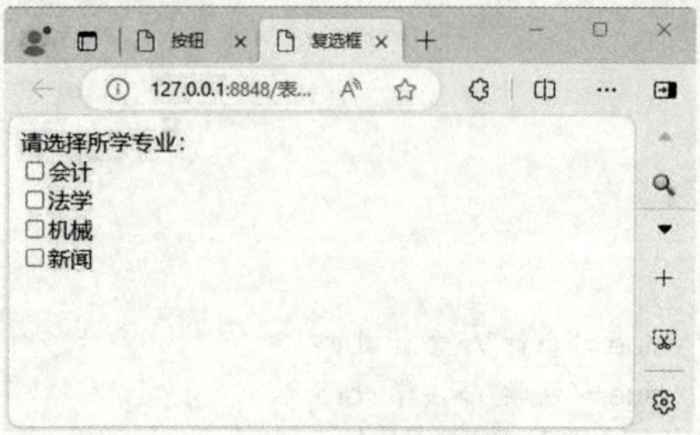

图 5-4　复选框效果

图 5-5　单选按钮效果

HTML5 增加了多个新的表单输入类型，具体见表 5-1。

表 5-1　新增表单

控件名称	type 属性值	说明
电子邮箱	e-mail	包含 e-mail 地址的输入域
拾色器	color	用于选取颜色
日期字段	date	设置年、月、日
	datetime	设置年、月、日、时间
	datetime-local	设置年、月、日、时间(本地时间)
	month	设置年、月
	week	设置年中的周数
	time	设置时间
数值框	number	输入类型用于包含数字值的输入字段，可以设置可接受数字的限制 使用 min 属性和 max 属性设置最小和最大值，step 设置数字间隔 如果 step="3"，那么数值间隔是 3

（续表）

控件名称	type 属性值	说明
数值滑块空间	rang	用于应该包含一定范围内数字值的输入域 range 类型显示为滑动条 使用 min 属性和 max 属性设置最小和最大值，step 设置数字间隔
搜索框	search	用于搜索字段，比如站内搜索或谷歌搜索等
电话号码框	tel	定义输入电话号码字段，但是不会进行校验
url 地址	url	包含 url 地址的输入字段。会在提交表单时对 url 字段的值自动进行验证

5.1.3 其他表单元素

在 HTML 中不仅可以用 input 元素添加文本框、按钮、复选框和单元按钮，还可以用 textarea 元素添加文本区域，用 select 元素添加下拉列表项。

1. textarea 元素

通过 textarea 元素可以定义文本区域，用于需要大量文字的地方，如留言、自我介绍等。文本区域中可容纳无限数量的文本，其中的文本的默认字体是等宽字体，其语法格式如下。

```
<textarea name="..."cols="..."rows="..."wrap="..."></textarea>
```

其属性具体说明如下。

（1）cols：用于定义文本区域的宽度。

（2）rows：用于定义文本区域的高度。

（3）wrap：用于定义当内容大于文本域时所显示的方式。

创建文本区域的示例代码如下。

```
<! DOCTYPE html>
<html>
     <head>
          <meta charset="utf-8">
          <title>文本区域</title>
     </head>
     <body>
     <form>
          个人简介：
          <br>
          <textarea name="textarea" cols="50"rows="10"></textarea>
 </form>
     </body>
 </html>
```

使用浏览器预览，文本区域效果如图 5-6 所示。

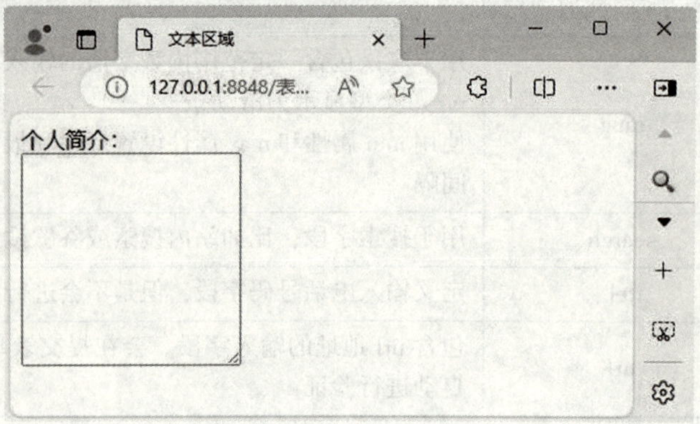

图 5-6　文本区域效果

2. select 元素和 option 元素

通过 select 元素定义下拉选项列表，通过 option 元素定义下拉列表中的选项。其语法格式如下。

```
<select name="..." size="..." multiple>
<option value="..." selected>
...
</option>
</select>
```

具体属性说明如下。

(1) name：设置下拉列表的名称。

(2) multiple：当该属性为 true 时，可选择多个选项。

(3) size：下拉列表中可见选项的数目。

创建选择列表的示例代码如下。

```
<! DOCTYPE html>
<html>
    <head>
        <meta charset="utf-8">
        <title>选择列表</title>
    </head>
    <body>
    <form>
        请选择所需专业：
        <br>
      <select>
        <option value="会计">会计</option>
        <option value="法学">法学</option>
        <option value="机械">机械</option>
```

```
            <option value ="会计">新闻 </option>
    </select>
</form>
        </body>
</html>
```

使用浏览器预览，选择列表效果如图 5-7 所示。

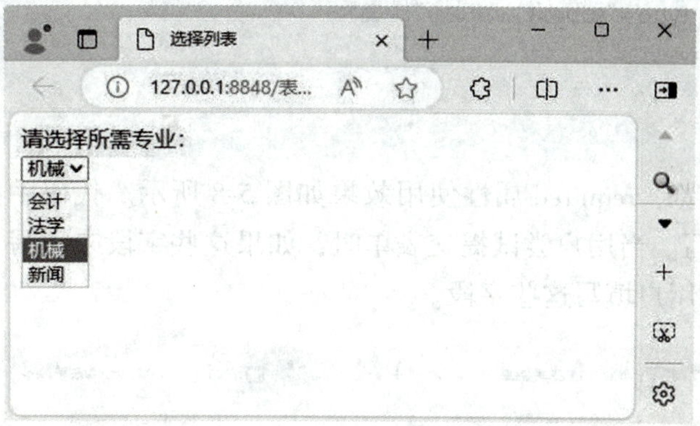

图 5-7　选择列表效果

5.1.4　HTML5 新的表单属性

HTML5 引入了许多新的表单属性，这些属性为开发者提供了更多的控制和功能，使得创建和处理表单变得更加简单和灵活。

1. 新增 input 元素属性

(1) required

required 属性用于指定一个输入字段是否必须填写。当用户提交表单时，如果该字段未填写，浏览器会显示一个提示消息，要求用户填写该字段。这个属性可以应用于各种类型的输入元素，如文本框、选择框等。

required 属性规定必须在提交之前填写输入域（不能为空）。它适用于：text、search、url、tel、e-mail、password、date pickers、number，checkbox，radio 以及 file 属性。

required 属性使用实例代码如下。

```
<! DOCTYPE html>
<html>
    <head>
        <meta charset ="utf-8">
        <title>选择列表 </title>
    </head>
    <body>
```

```
        <form>
            <label for="name">姓名：</label>
            <input type="text" id="name" name="name" required>
            <br><br>
            <label for="email">电子邮件：</label>
            <input type="email" id="email" name="email" required>
            <br><br>
            <input type="submit" value="提交">
            </form>
        </body>
    </html>
```

使用浏览器预览，required 属性使用效果如图 5-8 所示。代码中指定"姓名"和"电子邮件"都必须填写。当用户尝试提交表单时，如果这些字段未填写，浏览器会显示一个提示消息，要求用户填写这些字段。

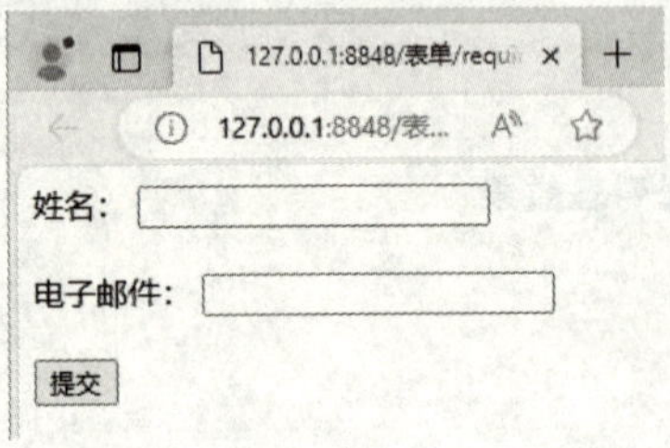

(a)

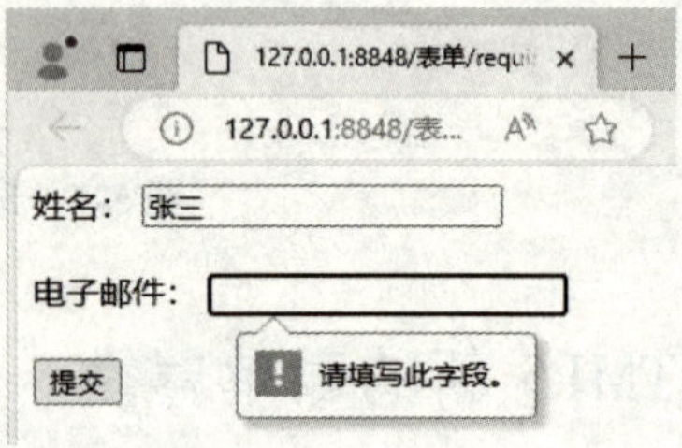

(b)

图 5-8　required 属性使用效果

(2) autocomplete

autocomplete 属性规定表单是否应该启用自动完成功能。当用户在某些文本框输入过一些内容时，如果再次输入内容，文本框会出现一个下拉框显示出以前输入过的内容。它适用于：text，search，url，tel，e-mail，password，datepickers，range 以及 color。

其语法格式如下。

```
<form autocomplete="on|off">
```

该属性默认值为 on，即规定启用自动完成功能。而当值为 off 时，则禁用自动完成功能。

autocomplete 属性使用实例代码如下。

```
<! DOCTYPE html>
<html>
    <head>
        <meta charset="utf-8">
        <title>选择列表 </title>
    </head>
```

```
        <body>
        <form>
            <label for="username">用户名:</label>
            <input type="text" id="username" name="username" autocomplete="on">
            <br><br>
            <label for="password">密码:</label>
            <input type="password" id="password" name="password" autocomplete="off">
            <br><br>
            <input type="submit" value="登录">
        </form>
        </body>
    </html>
```

使用浏览器预览，autocomplete 属性效果如图 5-9 所示。代码中设置了浏览器自动填写用户名。

（3）autofocus 属性

autofocus 属性可以在页面加载时，使某表单控件自动获得焦点，包括文本框、复选框、单选按钮和普通按钮等所有<input>标签的类型。其语法格式如下。

```
<input type="text" name=" " autofocus="autofocus">
```

autofocus 属性使用实例代码如下。

```
<! DOCTYPE html>
<html>
    <head>
        <meta charset="utf-8">
        <title>选择列表</title>
    </head>
    <body>
    <form>
        <label for="username">用户名:</label>
        <input type="text" id="username" name="username" autofocus>
        <br><br>
        <label for="password">密码:</label>
        <input type="password" id="password" name="password">
        <br><br>
        <input type="submit" value="登录">
    </form>
    </body>
</html>
```

使用浏览器预览，autofocus 属性使用效果如图 5-10 所示。当用户打开页面时，光标会自动定位到用户名输入框中，方便用户直接开始输入。

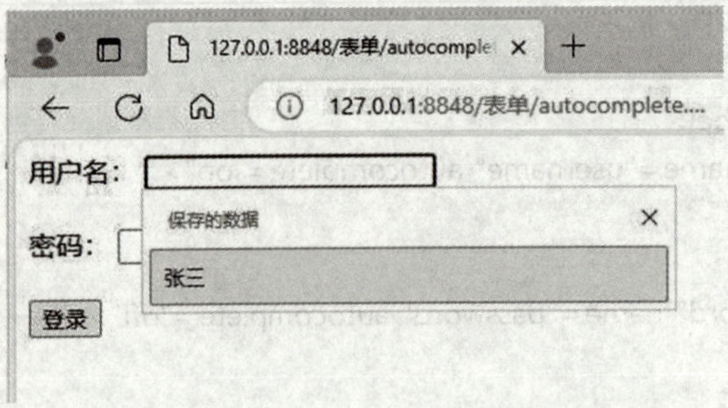

图 5-9 autocomplete 属性使用效果

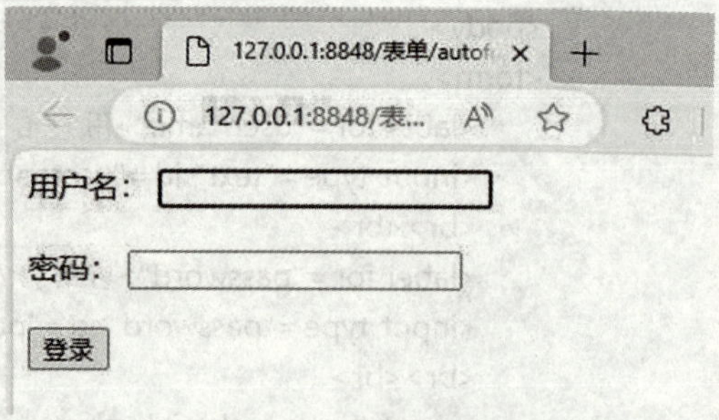

图 5-10 autofocus 属性使用效果

(4) placeholder 属性

placeholder 属性用于在输入字段中显示一个占位符文本，以指导用户如何填写该字段。当用户开始输入内容时，占位符文本会自动消失。这个属性对于提供清晰的输入指示非常有用，尤其是在复杂的表单中。它适用于：text、search、url、tel、e-mail 以及 password。

placeholder 属性使用实例代码如下。

```
<! DOCTYPE html>
<html>
    <head>
        <meta charset="utf-8">
        <title>选择列表</title>
    </head>
    <body>
    <form>
        <label for="username">用户名:</label>
        <input type="text" id="username" name="username" placeholder="请输入用户名">
        <br><br>
        <label for="password">密码:</label>
        <input type="password" id="password" name="password" placeholder="请输入密
码">
        <br><br>
        <input type="submit" value="登录">
    </form>
    </body>
</html>
```

使用浏览器预览，placeholder 属性使用效果如图 5-11 所示。当用户输入内容时，占位符文本会自动消失。

(5) list 属性

list 属性规定输入域的 datalist，datalist 是输入域的选项列表。它适用于：text、search、url、tel、email、date pickers、number、rang 以及 color。

list 属性使用实例代码如下。

```
<! DOCTYPE html>
<html>
    <head>
        <meta charset="utf-8">
        <title>选择列表</title>
    </head>
    <body>
    <form>
        <label for="browser">选择你喜欢的学科:</label>
        <input list="browsers" id="browser" name="browser">
        <datalist id="browsers">
          <option value="高等数学">
          <option value="大学语文">
          <option value="计算机基础">
          <option value="WEB 前端开发">
          <option value="大学英语">
        </datalist>
        <br><br>
        <input type="submit" value="提交">
    </form>
    </body>
</html>
```

使用浏览器预览，list 属性使用效果如图 5-12 所示。当用户输入内容时，浏览器会显示与输入内容匹配的选项列表供用户选择。

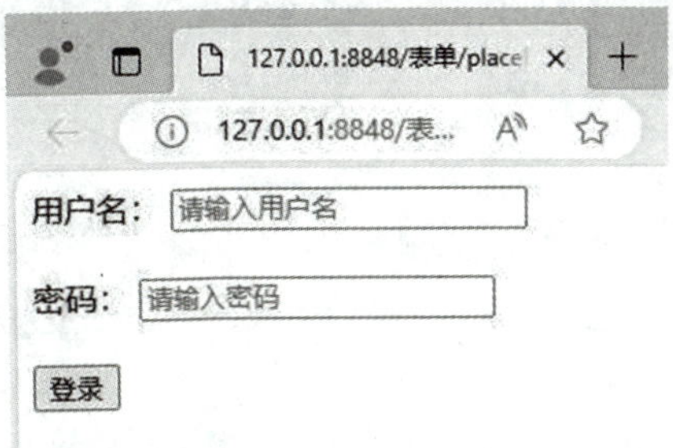

图 5-11　placeholder 属性使用效果

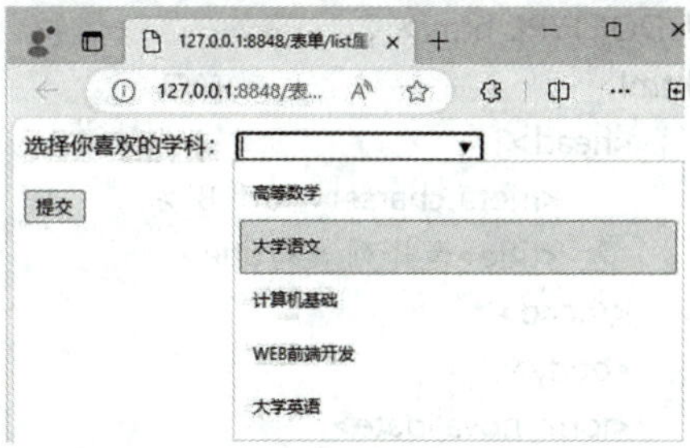

图 5-12　list 属性使用效果

(6) pattern 属性

pattern 属性允许用户定义一个正则表达式模式，用于验证输入字段的值是否符合预期的格式。例如，可以使用 pattern 属性来限制用户输入的电话号码格式或电子邮件地址格式。如果输入的值不符合指定的模式，浏览器会显示一个错误消息。

pattern 属性描述了一个正则表达式用于验证<input>元素的值。它适用于：text、search、url、tel、email、和 password。

pattern 属性使用实例代码如下。

```
<! DOCTYPE html>
<html>
    <head>
        <meta charset="utf-8">
        <title>pattern 属性</title>
    </head>
    <body>
        <form>
          <label for="phone">电话号码:</label>
          <input type="text" id="phone" name="phone" pattern="[0-9]{3}-[0-9]{3}-[0-9]{4}" required>
          <br><br>
          <input type="submit" value="提交">
        </form>
    </body>
</html>
```

使用浏览器预览，pattern 属性使用效果如图 5-13 所示。本示例要求电话号码的格式为 3 个数字、连字符、3 个数字、连字符和 4 个数字(如 123-455-7890)。如果用户输入的电话号码不符合这个模式，浏览器会显示一个错误消息。

2. 新增 form 元素属性

HTML5 中新增了 form 元素的 novalidate 属性，属性规定在提交表单时不应该验证 form 或 input 域。

novalidate 属性使用实例代码如下。

```
<! DOCTYPE html>
<html>
    <head>
        <meta charset="utf-8">
        <title>选择列表</title>
    </head>
    <body>
    <form novalidate>
        <label for="username">用户名:</label>
        <input type="text" id="username" name="username" required>
        <br><br>
        <label for="password">密码:</label>
        <input type="password" id="password" name="password" required>
        <br><br>
        <input type="submit" value="登录">
        </form>
    </body>
</html>
```

使用浏览器预览，novalidate 属性使用效果如图 5-14 所示。

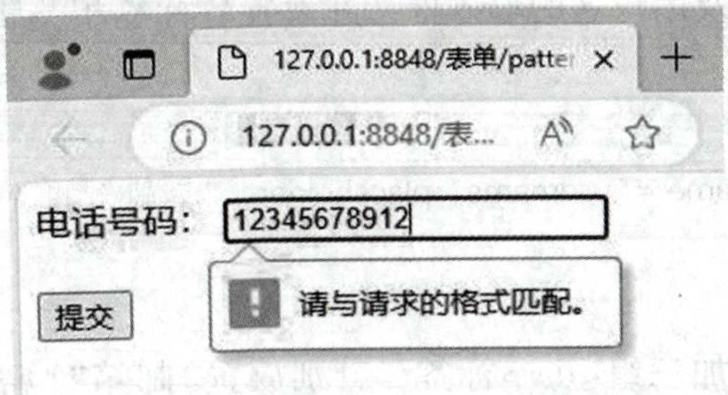

图 5-13　pattern 属性使用效果

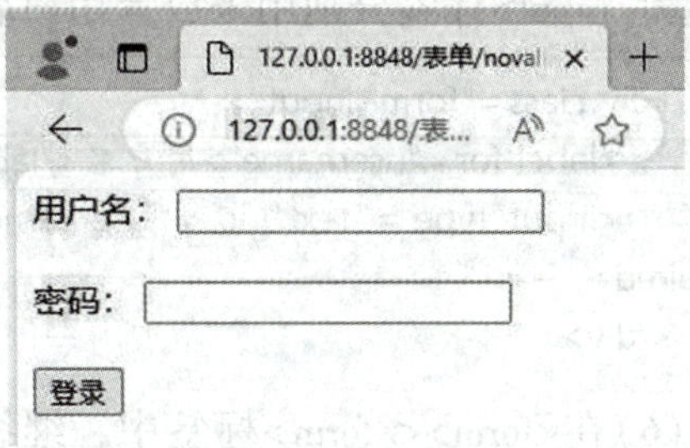

图 5-14　novalidate 属性使用效果

案例　制作读者会员注册网页

通过 HTML5 技术制作读者会员注册网页的主要目标是建立一个高效、安全且符合现代互联网标准的用户入口，便于图书馆、电子书店或其他阅读类服务平台吸引、保留和发展高质量的读者群。读者会员注册网页效果如图 5-15 所示。

制作读者会员注册网页

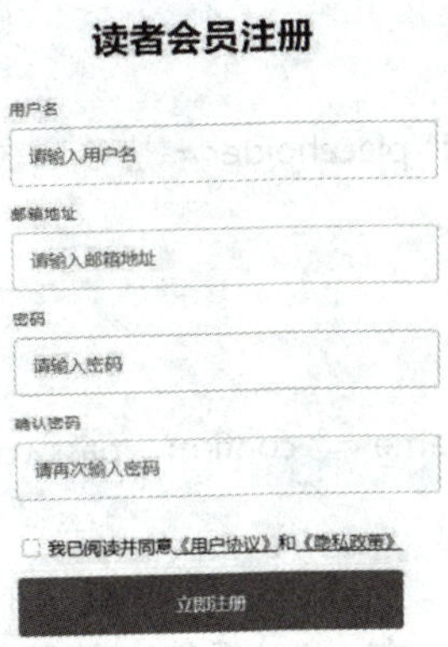

图 5-15　读者会员注册网页效果

(1) 在 HBuilderX 中新建普通项目，命名为 reading，在项目类别中选择“基本 HTML 项目”模板。

(2) 在 reading 项目上右击，在弹出的快捷菜单中选择“新建”→“html 文件”，打开“新建 html 文件”对话框，输入名称为 register. html，单击“创建”按钮。

(3) 单击 register. html 文件进入代码编辑窗口。在<title></title>标签中设置网页标题为“读者会员注册”并引入外部 CSS 样式表。

```
<head>
  <meta charset="UTF-8">
   <title>读者会员注册</title>
     <link rel="stylesheet" href="css/style. css">
</head>
```

(4) 在<body></body>标签中，添加<div></div>标签。并在<div>标签内添加表单<form></form>标签以及一级标题“读者会员注册”。

```
<div class="registration-form">
     <h1>读者会员注册</h1>
     <form action="/register" method="post">
     </form>
  </div>
```

(5)在<form></form>标签中，添加<div></div>标签。在<div>标签中添加<label>标签和<input>标签分别用来放置用户名以及用户名的输入框，并设置各标签相关属性。

```
<div class="form-input">
    <label for="username">用户名</label>
    <input type="text" id="username" name="username" placeholder="请输入用户名" required>
</div>
```

(6)在<form></form>标签中，继续添加三组<div>标签，分别放置“邮箱”“密码”“确认密码”并设置好相关属性(同步骤(5))。

```
<div class="form-input">
    <label for="email">邮箱地址</label>
    <input type="email" id="email" name="email" placeholder="请输入邮箱地址" required>
</div>
    <div class="form-input">
        <label for="password">密码</label>
        <input type="password" id="password" name="password" placeholder="请输入密码" required>
    </div>
    <div class="form-input">
        <label for="confirm_password">确认密码</label>
        <input type="password" id="confirm_password" name="confirm_password" placeholder="请再次输入密码" required>
    </div>
```

(7)在<form></form>标签中再添加一组<div></div>标签，在<div>标签中放置复选框，以及“我已阅读并同意《用户协议》和《隐私政策》”。

```
<div class="terms">
    <input type="checkbox" id="terms_agree" name="terms_agree" required>
    <label for="terms_agree">
        我已阅读并同意<a href="#">《用户协议》</a>和<a href="#">《隐私政策》</a>
    </label>
</div>
```

(8)在<form></form>标签中再添加一组<button>标签作为提交按钮，按钮上显示“立即注册”。

```
<button type="submit">立即注册</button>
```

(9)在 reading 项目下的 CSS 文件夹上右击，在弹出的快捷菜单中选择“新建”→“css 文件”，打开“新建 CSS 文件”对话框，命名为 style. css，单击“创建”按钮。

(10)单击步骤(9)中新建的 style. css 文件打开代码编辑窗口，首先设置页面基本样式。

```
body {
    font-family: Arial, sans-serif;
    background-color: #f0f0f0;
    margin: 0;
    padding: 0;
    display: flex;
    min-height: 100vh;
    justify-content: center;
    align-items: center;
    background-image: url("background.jpg");
    background-repeat: no-repeat;
    background-position: center;
    background-size: cover;
}
.registration-form {
    max-width: 500px;
    background-color: rgba(255, 255, 255, 0.9);
    border-radius: 10px;
    padding: 3rem;
    box-shadow: 0 0 10px rgba(0, 0, 0, 0.1);
}
h1 {
    text-align: center;
    color: #333;
    margin-bottom: 2rem;
    font-weight: bold;
    letter-spacing: 1px;
}
```

(11)在 style.css 文件中，表单内的输入框、按钮等其他页面元素样式进行设置。

```
form {
    display: grid;
    grid-template-columns: 1fr;
    grid-gap: 1rem;
    margin-bottom: 2rem;
}
.form-input {
    display: flex;
    flex-direction: column;
    gap: 0.5rem;
}
.form-input label {
    color: #666;
    font-size: 0.9rem;
```

```
        text-transform: uppercase;
        letter-spacing: 0.5px;
}
input[type="text"],
input[type="email"],
input[type="password"] {
        width: 100%;
        padding: 1rem;
        border: 1px solid #ccc;
        border-radius: 4px;
        outline: none;
        font-size: 1rem;
        transition: border-color 0.3s ease;
}
input[type="text"]:focus,
input[type="email"]:focus,
input[type="password"]:focus {
        border-color: #007bff;
}
button[type="submit"] {
        width: 100%;
        padding: 1rem;
        background-color: #007bff;
        color: #fff;
        border: none;
        border-radius: 4px;
        cursor: pointer;
        font-size: 16px;
        text-transform: uppercase;
        transition: background-color 0.3s ease;
}
button[type="submit"]:hover {
        background-color: #0056b3;
}
.terms {
        display: flex;
        align-items: center;
        justify-content: space-between;
        margin-top: 1rem;
}
.terms label {
        cursor: pointer;
        user-select: none;
}
.terms input[type="checkbox"] {
```

```
        margin-right: 0.5rem;
    }
    /* 隐藏默认的复选框样式 */
    .terms input[type="checkbox"] {
        appearance: none;
        -webkit-appearance: none;
        -moz-appearance: none;
        width: 16px;
        height: 16px;
        border: 1px solid #ccc;
        border-radius: 2px;
        margin-right: 0.5rem;
    }
    .terms input[type="checkbox"]:checked {
        background-color: #007bff;
        border-color: #007bff;
    }
    /* 提示信息 */
    .form-message {
        color: #dc3545;
        font-size: 0.9rem;
        text-align: center;
        margin-top: 1rem;
    }
```

任务评价

评价内容	评价标准	分值	学生自评	老师评估
表单及创建方法	了解表单定义及组成	5		
	了解表单语法	5		
input 元素及用法	会添加文本框	5		
	会添加密码框	5		
	会添加普通按钮、提交按钮和重置按钮	10		
	会添加复选框和单选按钮	10		
其他表单元素	会添加文本区域	10		
	会添加下拉列表项	10		
HTML5 新的表单属性	掌握 HTML5 新的表单属性	20		
制作读者会员注册网页	会制作读者会员注册网页	20		
总分		100		

任务 2　网页多媒体元素

任务描述

多媒体元素(如音频、视频等)能够使网页内容更加生动有趣，吸引用户的注意力。通过视觉和听觉的双重刺激，用户可以更直观地理解信息，提高浏览体验。

任务分析

通过本任务的学习，读者能掌握嵌入音频和视频的基本语法和属性，掌握<source>标签基本语法和属性，最后利用所学知识制作音乐播放器网页。

任务重点与实施

5.2.1　嵌入音频

音频在网页中的作用是多方面的，它极大地丰富了用户的互动体验和情感参与。首先，音频可以作为背景音乐，营造网页的特定氛围，增强用户的情感沉浸感。例如，一个拥有轻松旋律的音乐背景可以让访问者在浏览产品展示页面时感到放松，而紧张刺激的音轨可能适合游戏或活动推广页面。其次，音频作为一种信息传递方式，可以用于播客、新闻广播和有声读物等内容的分享。这使得用户可以在做其他事情的同时获取信息，例如在通勤途中听新闻或在健身时学习新知识。此外，音频还可以提供即时反馈和指导，例如，在教育平台上，音频可以帮助解释复杂的概念，或者在电商平台上，通过产品描述的语音说明来辅助视觉内容，增加信息的可及性。

<audio>标签是 HTML5 引入的一种多媒体容器，允许网页设计者在页面中嵌入音频内容，使用户可以直接在浏览器中播放音乐、声音片段等音频文件，而不必下载额外的播放器软件。

通过使用<audio>标签，网页可以提供丰富的音频体验，如背景音乐、播客、有声读物等。这个标签支持多种音频格式，包括 MP3、WAV、OGG 等，以确保广泛的浏览器兼容性和访问性。其基本语法如下。

```
<audio src="..." controls="..." autoplay="..." preload="..." loop="...">
</audio>
```

具体属性说明如下。

(1) src：设置要播放的音频的 url，不能缺省。

(2) controls：如果设置该属性，则向用户显示控件，例如，播放按钮。

(3) autoplay：如果设置该属性，则音频在网页中加载就绪后自动播放。

(4) loop：如果设置该属性，则每当音频结束时重新开始播放。

(5) muted：规定音频输出应该被静音

(6) preload：设置浏览器是否加载音频，它有 3 个属性：auto、none 和 meta，如果设置了 autoplay 属性，则忽略该属性。

① auto：默认设置，表示让浏览器决定怎样做。

② none：表示不加载任何音频。

③ meta：表示仅加载音频的元数据。

嵌入音频的示例代码如下。

```
<! DOCTYPE html>
<html>
    <head>
        <meta charset="utf-8">
        <title>嵌入音频</title>
    </head>
    <body>
    <audio src="medias/test. mp3" controls="controls">
    </audio>
    </body>
</html>
```

使用浏览器预览，嵌入音频效果如图 5-16 所示。

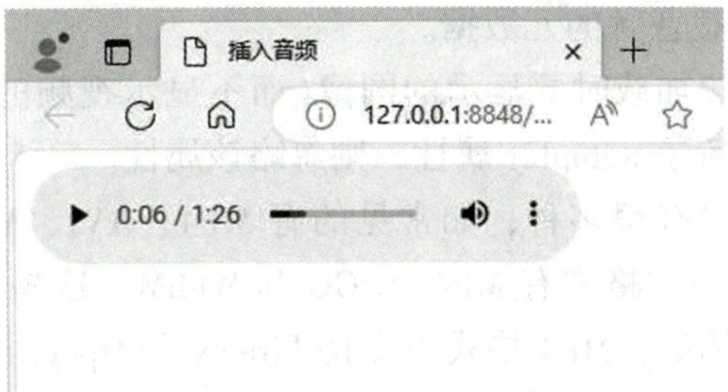

图 5-16　嵌入音频效果

5.2.2　嵌入视频

视频不仅能够提供视觉上的吸引力，还能够以更加直观和动态的方式传达信息。视频可以极大地提升用户参与度。动态的画面和声音的结合往往比静态文本或图像更能吸引用户的注意力，使得网页内容更加生动和有趣。例如，一个产品介绍视频可以更直观地展示产品的功能和特点，从而激发用户的购买欲望。通过视频，品牌可以讲述其背后的故事，传递价值观和文化，建立与用户之间的情感联系。这种叙事方式可以帮助用户更好地记住品牌信息，增强品牌形象。

HTML5 引入了<video>标签，这使得在网页中嵌入视频变得简单。与<audio>标签类似，<video>标签支持多种视频格式，如 MP4、WebM 等，确保了广泛的浏览器兼容性。它还提供了播放控制功能，包括播放、暂停、全屏等，使用户能够根据个人偏好控制视频播放。

其基本语法如下。

```
<video src ="..." controls ="..." autoplay ="..." width ="..." height ="..." preload ="..." loop ="...">
</video>
```

其具体属性说明如下。

(1) src：设置要播放的视频的 URL，不能缺省。

(2) controls：如果设置该属性，则向用户显示控件，例如，播放按钮。

(3) autoplay：如果设置该属性，则音频在网页中加载就绪后自动播放。

(4) width：设置视频播放时的宽度。

(5) height：设置视频播放时的高度。

(6) loop：如果设置该属性，则每当视频结束时重新开始播放。

(7) muted：规定视频输出应该被静音

(8) preload：设置浏览器是否加载视频，它有 3 个属性：auto、none 和 meta，如果设置了 autoplay 属性，则忽略该属性。

① auto：默认设置，表示让浏览器决定怎样做。

② none：表示不加载任何音频。

③ meta：表示仅加载音频的元数据。

(9) poster：指定视频加载时要显示的图像（而不显示视频的第一帧），接受所需图像文件的 URL。如果设置了 autoplay 属性，则忽略该属性。

平时看到的视频格式有很多种，如常见的有 MP4、AVI、MOV、RMVB、OGG 等，目前<video>标签支持的视频格式有 MP4、OGG 和 WebM。这 3 种视频格式，在不同的浏览器中兼容性不同，例如，MP4 格式不支持 Firefox 和 Opera 浏览器，OGG 格式不支持 IE、Safari 浏览器，WebM 格式不支持 IE、Safari 浏览器等。

嵌入视频的示例代码如下。

```
<! DOCTYPE html>
<html>
    <head>
        <meta charset ="utf-8">
        <title>嵌入音频</title>
    </head>
```

```
    <body>
        <video src="medias/test.mp4" controls="controls" width="400">
        </video>
    </body>
</html>
```

使用浏览器预览，嵌入视频效果如图 5-17 所示。

图 5-17　嵌入视频效果

5.2.3　Source 标签

由于不同的浏览器对 HTML5 的支持程度不同，为了确保所有兼容 HTML5 的浏览器都能正常播放视频或音频，我们需要提供至少两种格式以上的媒体文件。那么如何实现呢？这时就要用到 HTML5 的 source 标签了。通常，<source>标签用于定义一个以上的媒体元素。

source 标签可以链接不同的媒体文件，例如，视频文件和音频文件等。其基本语法如下。

```
<source src="..." type="...">
```

<source>标签的属性说明如下。

(1)src：设置要播放的视频/音频的 url，不能缺省。

(2)type：用于指定媒体资源的类型，常用的媒体类型有 video/ogg、vided/mp4、video/webm 等。

<source>标签通常与其他媒体标签如<video>、<audio>和<picture>一起使用，以便提供不同格式的备用媒体资源。

<video>或者<audio>标签中可以指定多个 source 元素，浏览器按<source>标签的顺

序检测指定的视频/音频是否能够播放，如果不能播放(可能是格式不支持、文件不存在等)，换下一个，此方法多用于兼容不同的浏览器。其基本语法如下。

```
<body>
  <video controls ="controls" width ="700px" height ="400px">
    <source src ="medias//test. mp4" type ="video/mp4">
    <source src ="medias/test. ogg" type ="video/ogg">
    您的浏览器不支持 video 标签
  </video>
</body>
```

在上述代码中，如果使用 Safari 浏览器就会选择第一个源文件，如果使用 Firefox 浏览器则会选择第二个源文件。如果都不支持，将显示“您的浏览器不支持 video 标签”的提示。

案例 制作音乐播放器网页

利用 HTML5 技术开发一款功能完备、界面友好、用户体验优秀的音乐播放器网页，以此实现技术进步、内容传播和品牌形象塑造等多重价值。设计并实现一个具有良好用户体验的音乐播放器，包括但不限于歌曲列表展示、播放/暂停、上一曲/下一曲切换、音量控制、进度条拖拽等功能，让用户在浏览网页的同时享受到便捷的音乐播放服务。同时网页音乐播放器可以方便地集成到各类网站或应用程序中，便于音乐内容的分发和分享，扩大音乐作品的影响力。音乐播放器网页效果如图 5-18 所示。

制作音乐播放器网页

图 5-18　音乐播放器网页效果

(1)在 HBuilderX 中新建普通项目，命名为 music，在项目类别中选择“基本 HTML 项目”模板。

(2)单击 music 项目下的 index. html 文件进入代码编辑窗口。在<title></title>标签中设置网页标题为“精美音乐播放器”并引入外部 CSS 样式表。同时引入第三方图标库 Font Awesome。

```
<head>
    <meta charset="UTF-8">
    <link rel="stylesheet" href="https://cdnjs.cloudflare.com/ajax/libs/font-awesome/6.1.0/css/all.min.css" integrity="..." crossorigin="anonymous">
        <link rel="stylesheet" href="css/style.css">
        <title>精美音乐播放器</title>
</head>
```

(4)在<body></body>标签中，添加一组<div></div>标签用来放置音乐播放器，并设置好 CSS。

```
<div class="music-player">
</div>
```

(5)在音乐播放器<div></div>标签中，添加一组<div></div>标签，作为播放器的头部，用来显示歌曲名称及作者相关信息。

```
<div class="player-header">
    <h2 id="currentTrackTitle">当前歌曲:夜曲</h2>
    <div class="artist">艺术家:周杰伦</div>
</div>
```

(6)在音乐播放器<div></div>标签中，继续添加两组<div>标签，分别放置播放器的控制按钮和时间显示部分，并设置好样式和属性。

```
<div class="player-controls">
    <button class="prev-track" title="上一曲"><i class="fas fa-step-backward"></i></button>
    <button class="play-pause-btn" id="playPauseBtn">
        <i class="fas fa-play"></i>
        <i class="fas fa-pause d-none"></i>
    </button>
        <button class="next-track" title="下一曲"><i class="fas fa-step-forward"></i></button>
        <div class="volume-control">
            <input type="range" id="volumeSlider" min="0" max="1" step="0.1" value="0.5">
        </div>
    <div class="progress-bar">
        <div class="progress-indicator" id="progressBar"></div>
    </div>
</div>
    <div class="time-display">
        <span id="currentTime">00:00</span>/<span id="totalTime">00:00</span>
    </div>
```

(7)最后在音乐播放器<div></div>标签中添加<audio></audio>标签，并在<audio>中添加<source>标签用来放置音乐文件，设置好相关属性。同时在项目 music 下新建目录 audio，并将音乐源文件放置目录 audio 下。

```
<audio id="audioPlayer">
        <source src="audio/yequ.mp3" type="audio/mpeg">
                您的浏览器不支持 audio 标签。
</audio>
```

(8)在<body></body>标签中再添加一组<div>标签，并在 div 中插入<video>放置视频文件，同时将下载好的视频文件放到 audio 目录下。

```
<div class="video-player">
        <video id="videoPlayer" controls preload="auto">
            <source src="audio/bukeyi.mp4" type="video/mp4">
            您的浏览器不支持 video 标签。
        </video>
</div>
```

(9)在 reading 项目下的 CSS 文件夹上右击，在弹出的快捷菜单中选择"新建"→"css 文件"打开"新建 CSS 文件"对话框，命名为 style.css，单击"创建"按钮。

(10)单击步骤(9)中新建的 style.css 文件打开代码编辑窗口，设置播放器中各个功能按钮的样式。

```
body {
  font-family: Arial, sans-serif;
  background-color: #f5f5f5;
}
.music-player {
  width: 100%;
  max-width: 600px;
  margin: 50px auto;
  background-color: #fff;
  border-radius: 10px;
  box-shadow: 0 2px 10px rgba(0, 0, 0, 0.1);
  padding: 20px;
  position: relative;
}
.video-player{
    width: 100%;
    max-width: 600px;
    margin: 50px auto;
    border-radius: 10px;
    box-shadow: 0 2px 10px rgba(0, 0, 0, 0.1);
    padding: 10px;
    position: relative;
```

```
}
.player-header {
  display: flex;
  align-items: center;
  justify-content: space-between;
  margin-bottom: 10px;
}
.artist {
  color: #999;
  font-size: 0.9rem;
}
.player-controls {
  display: flex;
  align-items: center;
  gap: 10px;
}
.player-controls button {
  cursor: pointer;
  border: none;
  background-color: transparent;
  font-size: 1.5rem;
  color: #666;
  transition: color 0.3s;
}
.player-controls button:hover {
  color: #007BFF;
}
.volume-control {
  flex-grow: 1;
  margin-left: 10px;
}
.volume-control input[type="range"] {
  width: 100%;
  height: 10px;
  background-color: #ddd;
  border-radius: 5px;
  outline: none;
  -webkit-appearance: none;
  appearance: none;
}
.progress-bar {
  width: 100%;
  height: 10px;
  background-color: #ddd;
  border-radius: 5px;
```

```
    overflow: hidden;
}
. progress- indicator {
    height: 100%;
    width: 0%;
    background- color: #007BFF;
    transition: width 0. 3s;
}
. time- display {
    font- size: 0. 8rem;
    color: #999;
    margin- top: 10px;
}
. d- none {
    display: none;
}
```

(11)在 music 项目下的 JS 文件夹上右击，在弹出的快捷菜单中选择“新建”→“js 文件”，打开“新建 js 文件”对话框，命名为 scripts. js，单击“创建”按钮。

(12)单击 scripts. js 文件，进入编辑代码区域，设置播放器各个按钮的播放点击功能。

```
//获取 DOM 元素
const playPauseBtn = document. getElementById('playPauseBtn');
const audioPlayer = document. getElementById('audioPlayer');
const currentTimeDisplay = document. getElementById('currentTime');
const totalTimeDisplay = document. getElementById('totalTime');
const progressBar = document. querySelector('. progress- bar . progress- indicator');
const volumeSlider = document. getElementById('volumeSlider');
//初始化播放器状态
let isPlaying = false;
//更新播放进度条
function updateProgress() {
    const percentPlayed = (audioPlayer. currentTime / audioPlayer. duration) * 100;
    progressBar. style. width = `$ {percentPlayed}%`;
    currentTimeDisplay. textContent = formatTime(audioPlayer. currentTime);
}
//格式化时间显示
function formatTime(seconds) {
    const minutes = Math. floor(seconds / 60);
    const secondsRemaining = Math. floor(seconds % 60);
    return `$ {minutes}:$ {secondsRemaining. toString(). padStart(2, '0')}`;
}
//监听播放/暂停按钮点击事件
```

```
playPauseBtn. addEventListener('click', () => {
  if (isPlaying) {
    audioPlayer. pause();
    playPauseBtn. querySelector('. fas. fa- play'). classList. remove('d- none');
    playPauseBtn. querySelector('. fas. fa- pause'). classList. add('d- none');
    isPlaying = false;
  } else {
    audioPlayer. play();
    playPauseBtn. querySelector('. fas. fa- play'). classList. add('d- none');
    playPauseBtn. querySelector('. fas. fa- pause'). classList. remove('d- none');
    isPlaying = true;
  }
});
//监听音频播放事件
audioPlayer. addEventListener('play', () => {
  isPlaying = true;
  //更新时间显示和进度条
  updateProgress();
  setInterval(updateProgress, 1000);
});
//监听音频暂停事件
audioPlayer. addEventListener('pause', () => {
  isPlaying = false;
});
//监听音频时间更新事件
audioPlayer. addEventListener('timeupdate', updateProgress);
//监听音量滑块变动事件
volumeSlider. addEventListener('input', function(){
  audioPlayer. volume = this. value;
});
//设置初始音量
audioPlayer. volume = volumeSlider. value;
//加载音频时初始化总时间
audioPlayer. addEventListener('loadedmetadata',() =>{
  totalTimeDisplay. textContent = formatTime(audioPlayer. duration);
});
```

任务评价

评价内容	评价标准	分值	学生自评	老师评估
嵌入音频	会在网页中嵌入音频	20		
嵌入视频	会在网页中嵌入视频	20		

（续表）

评价内容	评价标准	分值	学生自评	老师评估
Source 标签	会在网页中嵌入其他多媒体	20		
制作音乐播放网页	会制作音乐播放网页	40		
	总分	100		

项 目 小 结

本项目首先介绍了表单的结构与功能、创建方法、input 元素及其用法、其他表单元素如 textarea 和 select，以及 HTML5 新增的表单属性，并强调了表单在网站中收集用户数据和实现功能的重要性，并展示了如何创建各种表单控件，如文本框、密码框、按钮、复选框和单选按钮。其次介绍了音频和视频嵌入技术，包括 audio 和 video 标签的使用，以及 source 标签以确保跨浏览器兼容性。制作读者会员注册网页和音乐播放器网页两个案例，展示了实际应用中表单和多媒体元素的整合和样式设置。通过本项目的学习，读者能够熟练运用表单和网页多媒体元素，在设计网页是能够丰富网页内容，提高可读性。

项 目 习 题

一、选择题

1. HTML5 中用于嵌入音频文件的标签是什么？(　　)

A. <img>　　B. <video>　　C. <audio>　　D. <source>

2. HTML5 中用于嵌入视频文件的标签是什么？(　　)

A. <img>　　B. <video>　　C. <audio>　　D. <source>

3. 在 HTML5 中，<video>不支持的视频格式是(　　)

A. MP4　　B. Ogg　　C. WebM　　D. FLV

4. 一个最基本的表单由一对(　　)标记构成，它们是构成表单的基础。

A. form　　B. input　　C. textarea　　D. select

5. 要指定处理表单数据的程序文件所在的位置，可以用 form 标记的(　　)属性。

A. id　　B. action　　C. name　　D. method

6. 在 HTML 上，将表单中 input 元素的 type 属性值设置为(　　)时，用于创建重置按钮。

A. button　　B. button　　C. reset　　D. image

二、问答题

1. 在网页中嵌入视频的基本语法是什么？简述其各个属性的作用。

2. 表单由哪几部分组成？

3. required 属性适用于哪些属性？

4. 简述 autofocus 属性的作用。

三、操作题

1. 制作汽车展示网页

提示：制作如图 5-19 所示的汽车展示网页，在相应的页面位置插入 HTML5 视频。

2. 创建如图 5-20 所示的网站登录页面。

提示：利用表单中的各个元素创建页面中文本框、单选按钮、复选框、日期、邮箱等。

图 5-19　汽车网页

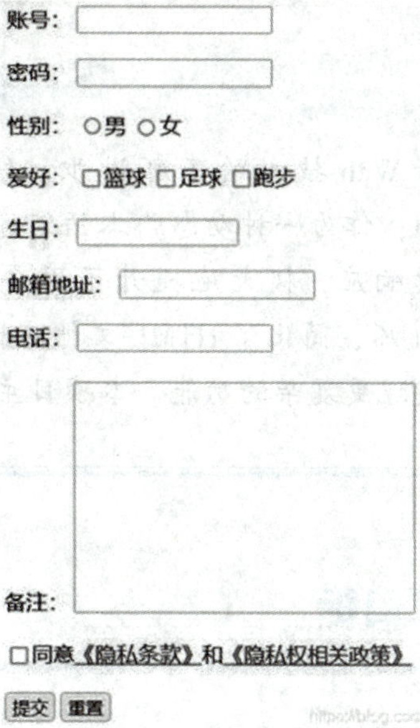

图 5-20　网站登录页面

项目 6 JavaScript 应用

项目导读

随着 Web 技术的不断进步，JavaScript 已经成为前端开发中不可或缺的工具。JavaScript，作为一种动态脚本语言，为网页添加了交互性和动态效果，让用户的操作能够即时响应，极大地提升了用户体验。而 jQuery，一个快速、小巧且功能丰富的 JavaScript 库，简化了 HTML 文档遍历、事件处理、动画等操作，让开发者能够用更少的代码实现更复杂的功能。本项目主要介绍 JavaScript 的应用方面的知识。

学习目标

◆ 知识目标

- 了解 BOM 对象和 DOM 对象。
- 掌 JavaScript 中的函数、事件以及对象。
- 掌握 jQuery 中的选择器。
- 熟练制作 jQuery 的 DOM 。

◆ 技能目标

- 熟练制作精选图书模块网页。
- 熟练制作美丽乡村信息网。

◆ 素质目标

- 通过学习 JavaScript 基础，锻炼学生的逻辑思维和分析问题的能力。
- 通过 jQuery 的学习，培养学生在编程时考虑信息安全和数据保护的意识。

思政目标

- 培养学生严谨的科学态度和求真务实的精神。
- 培养学生团队协作和资源共享的意识。

任务 1　JavaScript 基础

任务描述

通过 JavaScript，用户可以创建复杂的动画和过渡效果，使网页内容更加生动有趣。通过操控 DOM，JavaScript 可以实现复杂的功能，如动态内容的更新、表单验证、与服务器的数据交换等。

任务分析

通过本任务的学习，读者能了解 JavaScript 的特点，掌握 JavaScript 的基本语法和属性，掌握 BOM 和 DOM 对象中的各种语法和属性，掌握 JavaScript 中各种函数的语法，了解事件的分类并掌握事件的调用方法，最后利用所学知识制作精选图书模块网页。

任务重点与实施

6. 1. 1　JavaScript 语言基础

JavaScript 是一种基于对象和事件驱动并具有安全性能的解释型脚本语言，在 Web 应用中得到了非常广泛的应用。它不需要进行编译，而是直接嵌入在页面中，把静态页面转变成支持用户交互并响应应用事件的动态页面，它可以使用记事本直接进行编写。

JavaScript 具有独特的语法特点和规范，在对网页进行制作之前，还需要先来了解 JavaScript 的一些基础语法。

JavaScript 在 HTML 中使用<script></script>标签进行显示，可以将<script>标签放置在网页的任何地方，一般放置在<head>标签内。

<script>标签的主要作用是警告浏览器，需要它开始解释这些标记之间的内容，将其作为一个脚本进行运行。

JavaScript 的语法结构如下。

```
<script>
……
</script>
```

1. JavaScript 注释

JavaScript 中的注释主要用于解释代码功能，以及阻止代码执行，其自身并不参与代码执行。

(1)单行注释。单行注释以双斜杠“//”开始，结束于该行末尾。

(2)多行注释。多行注释语句以“/＊”开始，以“＊/”结尾，用于注释一段代码。

(3)阻止执行。JavaScript 中的注释还可以阻止某段代码的执行。

2. JavaScript 数据结构

JavaScript 数据结构包括标识符、常量、变量和关键字等。

(1)标识符。JavaScript 中的标识符就是一个名称，是用户为一些要素进行定义的名称，包括变量和函数名，在定义标识符时，用户需要遵循以下规则。

① 标识符必须由字母、数字、下划线和中文组成。

② 中间不能包含空格、标点符号和运算符等其他符号。

③ 需要严格区分大小写。

④ 标识符的首字符必须为字母、下划线或中文。

⑤ 标识符不能同名于 JavaScript 中的关键字名字。

(2)常量。常量也称为常数，在 JavaScript 运行时，值不能被改变的量为常量，主要为程序提供固定且精确的值。例如，数字、逻辑值(true 和 false)等都是常量。JavaScript 常量，包括下列 6 种基本类型。

① 整型常量：整型常量可以使用十六进制、八进制和十进制表示其值。

② 实型常量：由整数部分加小数部分表示，如 42.35、2145.36；也可以使用科学或标准方法表示，如 7e6、5e8 等。

③ 布尔值：布尔常量包含 true 或 false 两种状态，主要用来说明或代表一种状态或标志。

④ 字符型常量：使用单引号(')或双引号(")括起来的字符。

⑤ 空值：JavaScript 中包含一个空值 Null，表示什么也没有。

⑥ 特殊字符：JavaScript 中包含一种以反斜杠(/)开头的不可显示的特殊字符，该字符通常称为控制字符。

表 6-1 中列出了一些可以在表达式中使用的预定义 JavaScript 常量。

表 6-1　JavaScript 常量

常量	描述	对象
e	数字常量 e，自然对数的底	math

（续表）

常量	描述	对象
infinity	大于最大浮点数的值	global
LN2	2 的自然对数	math
LN10	10 的自然对数	math
LOG2E	以 2 为底的 e 的对数	math
LOG10E	以 10 为底的 e 的对数	math
MAX_VALUE	表示最大数字	number
MIN_VALUE	表示最小数字	number
NaN	表示算术表达式返回非数字的值	number
NaN(全局)	指示表达式不是数字的值	global
Null	不指向有效数字的变量	global
PI	圆的周长与直径的比率	math
SQRTI_2	0.5 的平方根	math
SQRT2	2 的平方根	math

JavaScript 的常量通常使用 const 来声明，语法格式如下。

```
const 常量名=值;
```

（3）变量。变量是存取数字，提供存放信息的单元。对于变量，必须明确变量的命名、变量的声明与赋值、变量的作用范围。

在 JavaScript 中，虽然可以不用声明变量，但不进行声明的变量无法作为存储单元。而声明变量，则是为变量进行命名。一般情况下，可以使用 var 关键字进行命名，其语法格式如下。

```
var 标识符;
```

使用 var 定义变量时，在函数体外定义的变量为全局变量，而在函数体内定义的变量为局部变量。

在使用关键字 var 同时声明多个变量时，每个变量之间需要使用逗号进行分隔。

如若为变量赋值，则需要使用 JavaScript 中的赋值运算符“=”。在 JavaScript 中，也可以直接为未声明的变量赋值。

在 JavaScript 中，变量的名称也就是一个标识符，其名称可以为任意长度。另外，在为变量命名时，还需要遵循下列规则。

① 首字符必须以字母或下划线开始。

② 后续的字符必须为字母、数字或下划线。

③ 不能使用 JavaScript 关键字作为变量。

④ 变量名称严格区分大小写，大小写不同名的变量表示不同的变量。

变量的作用域是指变量在程序中的有效范围。在 JavaScript 中，根据变量的作用域可以将变量分为全局变量和局部变量两种。全局变量是定义在所有函数之外，作用于整个脚本代码的变量；局部变量是定义在函数体内，只作用于函数体内的变量。

(4)关键字。JavaScript 中的关键字是指在 JavaScript 中具有特定含义的、可以成为 JavaScript 语法中一部分的字符。

关键字用于标识 JavaScript 语句的开头和结尾，它不能作为变量名或函数名，但可保留。JavaScript 常用的关键字见表 6-2。

表 6-2　JavaScript 常用关键字

break	case	default	delete	with	finally	for
var	catch	mistanceof	this	new	do	throw
else	void	synchronized	continue	while	return	debugger
boolean	int	char	byte	float	double	loog
true	interface	return	typeof	dass	final	package
false	import	implement	extends	hull	goto	ative
typeof	function	try	short	if	static	private

3. JavaScript 数据类型

JavaScript 的数据类型比较简单，主要有数值型、字符型、布尔型、转义字符、空值(null)和未定义值(undefined)6 种，下面分别介绍。

(1)数值型。JavaScript 的数值型数据又可以分为整型和浮点型两种，下面分别进行介绍。

① 整型：JavaScript 的整型数据可以是正整数、负整数和 0，并且可以采用十进制、八进制或十六进制来表示。

② 浮点型：浮点型数据由整数部分加小数部分组成，只能采用十进制，但是可以使用科学计数法或是标准方法来表示。

(2)字符型。字符型数据是使用单引号或双引号括起来的一个或多个字符。

单引号括起来的一个或多个字符，代码如下。

```
'a'
'保护环境从自我作起'
```

双引号括起来的一个或多个字符，代码如下。

```
"b"
"系统公告:"
```

单引号定界的字符串中可以含有双引号，代码如下。

```
'<td width="25%" align="center" bgcolor="#F0F0F0">注册时间</td>'
```

双引号定界的字符串中可以含有单引号，代码如下。

```
"<td bgcolor='#FFFFFF'>"
```

(3)布尔型。布尔型数据只有两个值，即 true 或 false，主要用来说明或代表一种状态或标志。在 JavaScript 中，也可以使用整数 0 表示 false，使用非 0 的整数表示 true。

(4)转义字符。以反斜杠开头的不可显示的特殊字符通常称为控制字符，也被称为转义字符。通过转义字符可以在字符串中添加不可显示的特殊字符，或者防止引号匹配混乱的问题。JavaScript 常用的转义字符见表 6-3。

表 6-3　JavaScript 常用的转义字符

转义字符	描述	转义字符	描述
\ b	退格	\ n	换行
\ f	换页	\ t	Tab 符
\ r	回车符	\ '	单引号
\ "	双引号	\ \	反斜杠
\ xnn	十六进制代码 nn 表示的字符	\ unnnn	十六进制代码 nnnn 表示的 unicode 字符
\ 0nnn	八进制代码 nnn 表示的字符		

(5)空值。JavaScript 中有一个空值，用于定义空的或不存在的引用。如果试图引用一个没有定义的变量，则返回一个空值。

提示

空值不等于空的字符串("")或 0。

(6)未定义值。当使用了一个并未声明的变量，或者使用了一个已经声明但没有赋值的变量时，将返回未定义值。

4. JavaScript 运算符

JavaScript 运算符是完成运算的一系列符号．其功能类似于 Excel 中的运算符，主要用于为变量赋值。JavaScript 中的运算符大体可分为 6 种，包括算术运算符、比较运算符、位运算符、逻辑运算符、条件运算符和赋值运算符。

(1)运算符的优先级

JavaScript 中各个运算符会构成不同的表达式，而一个表达式中往往又会包含多种运算符。在使用多种运算符时，JavaScript 就会根据运算符的优先级决定计算的顺序。

因此在使用运算符参与运算之前，还需要先来了解一下运算符的优先级。表 6-4 中以从上到下的顺序排列优先级从高到低的各种运算符。

表 6-4　运算符优先级

运算符	说明	接合性
()	括号	从左到右
++/--	自加/自减	从右到左
*、/、%	乘法、除法、取模	从左到右
+、-	加法、减法	从左到右
<、≤、>、≥	小于、小于等于、大于、大于等于	从左到右
= =、! =	等于、不等于	从左到右
&&	逻辑与	从左到右
| |	逻辑或	从左到右
=、+=、*=、/=、%=、-=	赋值运算和快捷运算	从右到左

在书写表达式时，若要更改求值的顺序，可以将公式中先计算的部分用括号括起来，如若无法确定运算符的顺序，尽量使用括号参与运算以保证运算的顺序。

(2)算术运算符

算术运算符用于计算基本的数字运算，包括+(加)、-(减)、*(乘)、/(除)、%(余数)、++(自加)和--(自减)7 种运算符。JavaScript 中常用的算术运算符见表 6-5。

表 6-5　JavaScript 中的算术运算符

运算符	说明	示例
+	加运算符	4+6　//返回值为 10
-	减运算符	7-2　//返回值为 5
*	乘运算符	7*3　//返回值为 21
/	除运算符	12/3 返回值为 4
%	求模运算符	7%4 返回值为 3
++	自增运算符。该运算符有两种情况：i++(在使用 i 之后，使 i 的值加 1)；++i(在使用 i 之前，先使 i 的值加 1)	i=1; j=i++　//j 的值为 1，i 的值为 2 i=1; j=++i　//j 的值为 2，i 的值为 2
--	自减运算符。该运算符有两种情况：i--(在使用 i 之后，使 i 的值减 1)；--i(在使用 i 之前，先使 i 的值减 1)	i=6; j=i--　//j 的值为 6，i 的值为 5 i=6; j=--i　//j 的值为 5，i 的值为 5

(3) 比较运算符

比较运算符又称为关系运算符，其作用是对数据进行逻辑比较，根据比较结果返回布尔值 true 或 false。比较运算符主要包括=(等于)、! =(不等于). <(小于)、<=(小于或等于)、>(大于)、>=(大于或等于)6 种运算符。JavaScript 中常用的比较运算符见表 6-6。

表 6-6 JavaScript 中的比较运算符

运算符	说明	示例
<	小于	1<6 //返回值为 true
>	大于	7>10 //返回值为 false
<=	小于等于	10<=10 //返回值为 true
>=	大于等于	3>=6 //返回值为 false
==	等于。只根据表面值进行判断，不涉及数据类型	"17"==17 //返回值为 true
===	绝对等于。根据表面值和数据类型同时进行判断	"17"===17 /返回值为 false
! =	不等于。只根据表面值进行判断，不涉及数据类型	"17"! =17 //返回值为 false
! ==	不绝对等于。根据表面值和数据类型同时进行判断	"17"! ==17 //返回值为 true

(4) 位运算符

位运算符是一种针对两个二进制的位进行逻辑运算的运算符，主要包括 &(与)、|(或)、^(异或)、~(取反)、<<(左移)、>>(右移)6 种运算符，具体说明见表 6-7。

表 6-7 JavaScript 中的位运算符

运算符	说明	示例
&	位与。如果两个相应的二进制位都为 1，则该位的结果值为 1，否则为 0	5&1 //值为 1
|	位或。两个相应的二进制位中只要有一个为 1，该位的结果值为 1	5|1 //值为 5
^	位异或。若参加运算的两个二进制位值相同则为 0，否则为 1	5^1 //值为 4
~	取反。~是一元运算符，用来对一个二进制数按位取反，即将 0 变 1，将 1 变 0	~5 //值为-6
<<	左移。将一个数的各二进制位全部左移 N 位，右补 0	5<<1 //值为 10
>>	右移。将一个数的各二进制位右移 N 位，移到右端的低位被舍弃，对于无符号数，高位补 0	5>>1 //值为 2

(5)逻辑运算符

逻辑运算符通常和比较运算符一起使用，用来表示复杂的比较运算，它用于确定变量或值之间的逻辑关系，JavaScript 中的逻辑运算符包括 &&(与)、| |(或)、!(非)3 种运算符，具体说明见表 6-8。

表 6-8　JavaScript 中的逻辑运算符

运算符	说明	示例
!	逻辑非。否定条件，即！假=真，！真=假	! true　//值为 false
&&	逻辑与。只有当两个操作数的值都为 true 时，值才为 true	true && flase　//值为 false
| |	逻辑或。只要两个操作数其中之一为 true，值就为 true	true | | false　//值为 true

(6)条件运算符

JavaScript 条件运算符基于条件的赋值运算，包括 1 个条件和 2 个真假值，其语法格式如下。

```
条件? 表达式1:表达式2
```

当条件为真时，使用表达式 1 的值，否则使用表达式 2 的值。例如，应用条件运算符计算两个数中的最大数，并赋值给另一个变量。代码如下。

```
var a =26;
var b =30;
var m =a>b? a:b        //m 的值为 30
```

(7)赋值运算符

赋值是将数值赋值给变量，在使用该运算符时，保证运算符两侧的操作数类型一致。

JavaScript 中赋值运算符的使用具体见表 6-9。

表 6-9　JavaScript 中赋值运算符

运算符	示例	等价于	结果
=	X=10 y=5 x=y		x=5
+=	X=10 y=5 x+=y	x=x+y	x=15
*=	X=10 y=5 x*=y	x=x*y	x=50
/=	X=10 y=5 x/=y	x=x/y	x=2
%=	X=10 y=5 x%=y	x=x%y	x=0
-=	X=10 y=5 x-=y	x=x-y	x=5

6.1.2 BOM 对象和 DOM 对象

JavaScript 中的浏览器对象模型(browser object model，BOM)和文档对象模型(document object model，DOM)的结合使用，使得 JavaScript 能够实现丰富的网页交互功能。用户可以通过 BOM 操作浏览器窗口，实现页面的滚动、大小调整等功能；同时，通过 DOM 操作 HTML 元素，实现动态地改变页面内容和样式。它们在网页开发中起着至关重要的作用。

1. BOM 对象

浏览器对象模型提供了与浏览器窗口进行交互的对象和方法。BOM 没有相关标准，BOM 最核心对象是 window 对象。window 对象既为 JavaScript 访问浏览器提供 API，同时在 ECMAScript 中充当 Global 对象。BOM 和浏览器关系密切，浏览器很多东西可以通过 javascript 控制，例如。打开窗口、打开选项卡、关闭页面、收藏夹等。这些功能与网页内容无关。由于没有标准，不同的浏览器实现同一功能，可以通过不同的实现方式。

window 对象可以控制窗口的大小、位置、弹出的对话框，以及控制状态栏的显示内容等。它与其他对象一样，也拥有自己的属性和方法，其访问属性和方法的语法格式如下。

```
window. 属性名(方法)
```

如若访问的是当前窗口的 window 对象，则无需使用 window 标签，直接使用属性名或方法名即可。

(1)对象属性

窗口对象中包含了多种属性，例如，设置或返回窗口名称的 name 属性、返回父窗口的 parent 属性等。每种属性的具体含义见表 6-10。

表 6-10 BOM 的对象属性

属性	说明	语法
closed	返回布尔值，该值声明了窗口是否已关闭，为可读属性	window. closed
defaultStatus	设置或返回窗口状态栏中的默认文本，为可读可写属性	window. decfanltStatus
document	对 Document 对象的只读引用	window. document
history	对 History 对象的只读引用	window. history
innerHeight	返回窗口的文档显示区的高度，单位为 px	window. innerHeight
innerWidth	返回窗口的文档显示区的宽度	window. innerWidth

（续表）

属性	说明	语法
length	设置或返回窗口中的框架数量	window. length
location	用于窗口或框架的 Location 对象	window. location
name	设置或返回窗口的名称	window. name
navigator	对 Navigator 对象的只读引用	window. navigator
opener	返回对创建此窗口的引用，为可读可写属性	window. opener
outerHeight	返回窗口的外部高度、为只读整数	window. outerHeight
outerWidth	返回窗口的外部宽度，为只读整数	window. outerWidth
pageXOffset	设置或返回当前页面相对于窗口显示区左上角的 X 位置	window. pageXOffset
pageYOffset	设置或返回当前页面相对于窗口显示区左上角的 Y 位置	window. pageYOffset
parent	返回父窗口	window. parent
Screen	对 Screen 对象的只读引用，包含有关客户端显示屏幕信息	window. Screen
self	返回对当前窗口的只读引用，等价于 window 属性	window. self
status	设置或返回窗口状态栏的文本	window. status
top	返回最顶层的先辈窗口	window. top
window	window 属性等价于 self 属性，它包含了对窗口自身的引用	

(2)对象方法

窗口对象中包含了 19 种方法，例如，关闭浏览器窗口的 close( )方法、打印当前窗口内容的 printt( )方法等。每种方法的具体含义见表 6-11。

表 6-11　BOM 的对象方法

方法	说明	语法
alert( )	显示带有一段消息和一个确认按钮的警告框	window. alert(message)
blur( )	把健盘焦点从顶层窗口移开	window. blur( )
clearinterval( )	取消由 setinterval( )设置的 timeout	window. clearinterval(id_of_setinterval)
clearTimeout( )	取消由 setTimeout( )设置的 timeout	window. clearTimeout(id_of_settimeout)

（续表）

方法	说明	语法
close( )	关闭浏览器窗口	window. close( )
confirm( )	显示带有指定消息以及确认按钮和取消按钮的对话框	window. confirm(message)
createPopup( )	创建一个 pop-up 窗口	window. createPopup( )
focus( )	把键盘焦点给予一个窗口	window. focus( )
moveBy( )	可相对窗口的当前坐标把它移动指定的 px	window. moveBy(x， y)
moveTo( )	把窗口的左上角移动到一个指定的坐标	window. moveTo(x， y)
open( )	打开一个新的浏览器窗口，或查找一个已命名的窗口	window. open（URL， name， features， replace）
print( )	打印当前窗口的内容	window. print
prompt( )	显示可提示用户输入的对话框	window. prompt(text， defaultText)
resizeBy( )	按照指定的 px 调整窗口的大小	window. resizeBy(width， height)
resizeTo( )	把窗口的大小调整到指定的宽度和高度	window. resize To(width， height)
scrollBy( )	按照指定的 px 值来滚动内容	window. scrollBy(xnum， ynum)
scrollTo( )	把内容滚动到指定的坐标	window. scrollTo(xpos， ypos)
setInterval( )	按照指定的周期(以毫秒计) 来调用函数或计算表达式	window. setInterval（code， millisec[，" lang"]）
setTimeout( )	在指定的毫秒数后调用函数或计算表达式	window. setTimeout(code， millisec)

使用 open( )打开窗口的示例代码如下。

```
<! DOCTYPE html>
<html>
    <head>
        <meta charset="utf-8">
        <title></title>
    </head>
    <body>
        <script>
            window. open("http://www. baidu. com");

        </script>
    </body>
</html>
```

使用浏览器预览，打开百度窗口，如图 6-1 所示。

图 6-1　打开百度窗口

2. DOM 对象

文档对象模型提供了对 HTML 文档的结构、内容和样式的操作方法。DOM 是 W3C 标准，DOM 的最根本对象是 document (window. document)，这个对象实际上是 window 对象的属性，这个对象的独特之处是这个是唯一一个既属于 BOM 又属于 DOM 的对象。

每个载入浏览器的 . HTML 文档都会成为 document 对象，通过该对象用户可以从脚本中对 HTML 页面中的所有元素进行访问。document 对象不仅拥有多个属性和方法，还拥有对象集合。

(1) 对象属性

document 对象的属性主要包括返回当前文档的域名、返回当前文档的标题、返回当前文档的 URL 等 7 种常用属性，其每种属性的具体说明见表 6-12。

表 6-12　DOM 对象的对象属性

属性	说明	语法
cookie	设置或返回与当前文档有关的 cookie	document. cookie
domain	返回当前文档的域名	document. domain
lastmodified	返回文档被最后修改的日期和时间	document. lastModified
referrer	返回载入当前文档的 URL	document. referrer
title	返回当前文档的标题	document. title
URL	返回当前文档的 URL	document. URL
body	提供对<body>元素的直接访问，对于定义了框架集的文档，该属性引用最外层的<frameset>	

对象属性使用的示例代码如下。

```
<! DOCTYPE html>
<html>
    <head>
        <meta charset="utf-8">
        <title>设置对象属性</title>
    </head>
    <body>
        <h3>该文档的标题：</h3>
        <script>
            document.write(document.title);
        </script>
    </body>
</html>
```

使用浏览器预览，使用对象属性效果如图 6-2 所示。

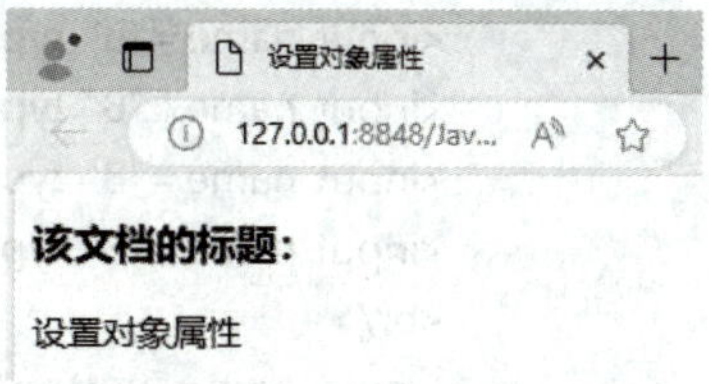

图 6-2　使用对象属性的效果

(2)对象方法

document 对象的方法包括返回带有指定名称的对象集合、返回带有指定标签名的对象集合，向文档写 HTML 表达式或 JavaScript 代码等 7 种常用方法，每种方法的具体说明见表 6-13。

表 6-13　DOM 对象的对象方法

方法	说明	语法
close( )	关闭用 document. open( )方法打开的输出流，并显示选定的数据	document. close( )
getElementById( )	返回对拥有指定 id 的第一个对象的引用	document. getElementByld(id)
getElementsByName( )	返回带有指定名称的对象集合	document. getElementsByName(name)
getElementsByTagName( )	返回带有指定标签名的对象集合	document. getElementsBy TagName (tagname)
open( )	打开一个流，以收集来自任何 document. write( )或 document. writeln( )方法的输出	document. open(mimetype, replace)
write( )	向文档写 HTML 表达式或 JavaScript 代码	document. write(expl, exp2, exp3,)
writeln	等同于 write( )方法，不同的是在每个表达式之后写一个换行符	document. writeln(expl, exp2, exp3)

对象方法使用的示例代码如下。

```
<! DOCTYPE html>
<html>
    <head>
        <meta charset="utf-8">
        <title></title>
        <script>
            function getElements()
            {
                var A=document. getElementsByName ("B");
                alert(A. length);
            }
        </script>
    </head>
    <body>
        <input name="B" type="color" size="30"/><br/>
        <input name="B" type="text" size="30"/><br/>
        <input name="B" type="button" size="30"/><br/>
        <input name="B" type="password" size="30"/><br/>
        <br/>
        <input type="button" onclick="getElements()"
        value="名称为 B 的元素总数"/>
    </body>
</html>
```

使用浏览器预览，单击“名称为 B 的元素总数”按钮，使用对象方法效果如图 6-3 所示。

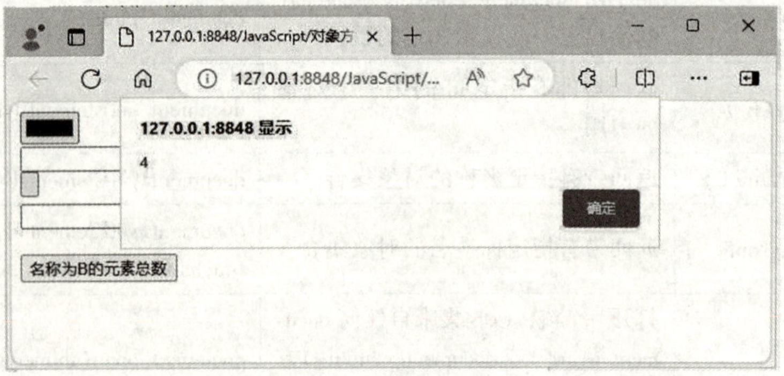

图 6-3　使用对象方法的效果

(3) 对象集合

document 对象的对象集合主要用于对一些其他对象的引用，包括 HTML 元素、anchor 对象 applet 对象、form 对象、image 对象等 6 种常用对象。每种对象集合的具体说明见表 6-14。

表 6-14　DOM 对象的对象集合

对象集合	说明	语法
all[ ]	提供对文档中所有 HTML 元素的访问	document. all[i] document. all[name] document. all. tags[tagname]
anchors[ ]	返回对文档中所有 Anchor 对象的引用	document. anchors[ ]
applets	返回对文档中所有 Applet 对象的引用	document. applets
forms[ ]	返回对文档中所有 Form 对象的引用	document. forms[ ]
images[ ]	返回对文档中所有 Image 对象的引用	document. images[ ]
links[ ]	返回对文档中所有 Area 和 Link 对象的引用	document. links[ ]

对象集合使用的示例代码如下。

```
<! DOCTYPE html>
<html>
    <head>
        <meta charset="utf-8">
        <title></title>
    </head>
    <body>
        <a name="A">高数</a><br/>
        <a name="B">大学英语</a><br/>
        <a name="A">计算机基础</a><br/>
        <h3>学科数量:</h3>
        <script>
            document. write(document. anchors. length);
        </script>
    </body>
</html>
```

使用浏览器预览，使用对象集合效果如图 6-4 所示。

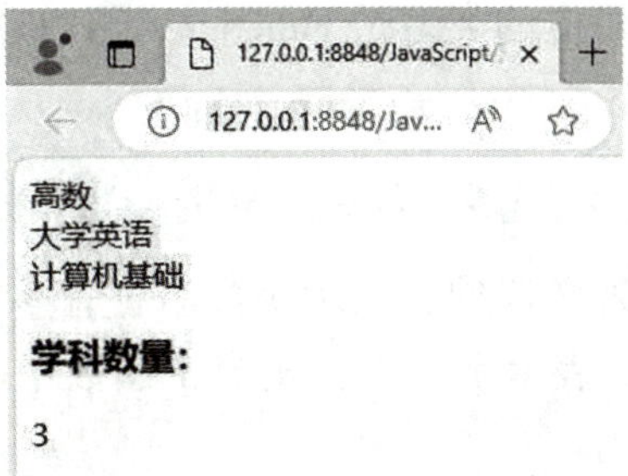

图 6-4　使用对象集合的效果

6.1.3 JavaScript 函数

JavaScript 中的函数是具有某种特定功能的一系列的代码集合，可以完成特定的任务并返回数据，但只有函数被调用时，函数体内的代码才会被执行。

在编写程序时，可以将程序中大部分功能拆解成一个一个的函数，从而使程序代码结构更加清晰。而函数中的代码执行结果并不是一成不变的可以通过向函数中传递参数，通过函数返回的值来解决不同情况下的问题。

在 JavaScript 中，可以使用 function 关键字创建和定义函数，一般包括关键字定义和变量定义两种方式。

1. 关键字定义

关键字定义是使用关键字 function 进行定义语法格式如下。

```
function 函数名(参数 1,参数 2,……)
{
[语句组]
return[表达式]
}
```

在上述代码中，function 为定义函数使用的关键字，函数名为合法的 JavaScript 标识符，都为必选项；而参数为合法的 JavaScript 标识符，语句组为 JavaScript 程序语句，表达式的值可作为函数的范围值，它们都为可选项；而 return 也为可选项，表示函数遇到该指令执行结束并返回。

例如，定义一个用于计算商品金额的函数 account( )，该函数有两个参数，用于指定单价和数量，返回值为计算后的金额。具体代码如下。

```
function account(price,number){
    var sum =price*  number;            //计算金额
    return sum;                         //返回计算后的金额
}
```

2. 变量定义

JavaScript 中的函数对象对应的类型是 Function，可以通过 new Function( ) 来创建一个函数对象，其语法格式如下。

```
var 变量名 =new Function([参数 1,参数 2,…],函数体);
```

在上述代码中，变量名为必选项，表示函数名称；参数为可选项，表示函数参数的字符串；函数体为可选项，表示字符串，相当于函数中的程序语句系列，各语句之间使用逗号进行分隔。

JavaScript 中的内置函数包括 eval( ) 函数、isFinite( ) 函数和 isNaN( ) 函数等，使用内置函数可以提高编程效率。

(1) eval( ) 函数

eval( ) 函数用于计算某个字符串，并执行其中的 JavaScript 代码，它的返回值是通过计算 string 得到的值。eval( ) 函数的语法如下。

```
eval(string)
```

eval( ) 函数只接受原始字符串作为参数，参数 string 为必选参数，表示所需要计算的字符，包含 JavaScript 表达式或需要执行的语句。如果参数不是表达式，没有值，则会返回 undefined。

eval( ) 函数的示例代码如下。

```
<! DOCTYPE html>
<html>
    <head>
        <meta charset="utf-8">
        <title></title>
    </head>
    <body>
        <script>
            eval("x=15;y=30;document. write(x*  y)");
            document. write("<br>" + eval("2+2"));
            document. write("<br>" + eval(x+17));
        </script>
    </body>
</html>
```

使用浏览器预览，eval( ) 函数效果如图 6-5 所示。

(2) isFinite( )

函数 isFinite( ) 函数用于检查给定参数的有限数值。

该函数的语法如下。

```
isFinite(number)
```

参数 number 为必选参数，可以是任意的数值。如果该参数为非数字、正无穷数，或负无穷数，则返回 false，否则返回 true；如果是字符串类型的数字，将会自动转化为数字型。

isFinite( ) 函数的示例代码如下。

```
<! DOCTYPE html>
<html>
    <head>
        <meta charset="utf-8">
        <title></title>
    </head>
    <body>
```

```
        <script>
            document.write(isFinite(123)+"<br>");
            document.write(isFinite(-1.23)+"<br>");
            document.write(isFinite(5-2)+"<br>");
            document.write(isFinite(0)+"<br>");
            document.write(isFinite("Hello")+"<br>");
            document.write(isFinite("2023/12/12")+"<br>");
        </script>
    </body>
</html>
```

使用浏览器预览，isFinite( )函数效果如图 6-6 所示。

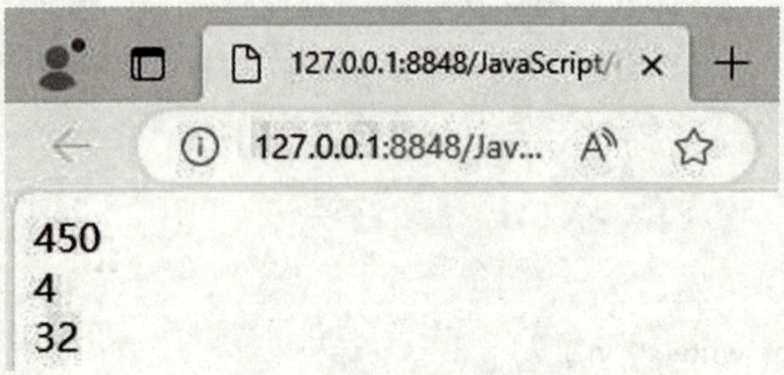

图 6-5　eval( )函数效果

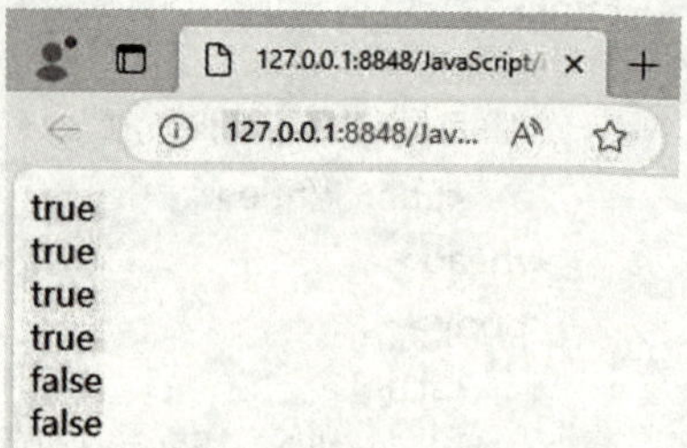

图 6-6　isFinite( )函数效果

(3) isNaN( )函数

isNaN( )函数用于检查给定的参数是否为非数字值，该函数的语法如下。

```
isNaN(x)
```

参数 x 为必选参数，表示需要检查的值。如果参数 x 为非数字值 NaN，则返回 true；如果参数 x 为其他值，则返回 false。

(4) parseInt( )函数

parseInt( )函数可以将字符串转换为一个整数，该函数的语法如下。

```
parseInt(string,radix)
```

该函数中的 string 参数为必选参数，表示需要被转换的字符串。如果该函数指定字符串中的首个字符为数字，则对字符串进行转换，直到到达数字的末端为止，然后以数字返回该数字，而不是作为字符串。

参数 radix 为可选参数，表示要转换的数字的进制基数，该值介于 2 ~ 36；如果省略该参数或其值为 0，则数字将以 10 为基数进行转换；如果该参数以“0x”开头，则数字将以 16 为基数进行转换；如果该参数小于 2 或大于 36，则该函数将返回 NaN。

(5) parseFloat( )函数

parseFloat( )函数可以将字符串转换为一个浮点数，该函数的语法如下。

```
parseFloat(string)
```

parseFloat( ) 函数如果在转换过程中遇到了正负号、数字(0 ~ 9)、小数点，或者科学记数法中的指数(e 或 E)以外的字符，则它会忽略该字符以及之后的所有字符，返回当前已经转换到的浮点数。同时参数字符串首位的空白符会被忽略。

(6) Number( ) 函数

Number( ) 函数可以将对象的值转换为数字，该函数的语法如下。

```
Number(object)
```

函数中的参数 object 为必选参数，表示需要转换的对象。如果参数为 Date 对象，则返回从 1970 年 1 月 1 日至今的毫秒数；如果参数对象的值无法转换为数字，则返回 NaN。

(7) String( ) 函数

String( ) 函数可以将对象的值转换为字符串，该函数的语法如下。

```
String(object)
```

函数中的参数 object 为必选参数，表示需要转换的对象。

(8) escape( ) 函数

escape( ) 函数可对字符串进行编码，以便于可以在所有计算机中读取该字符串，该函数的语法如下。

```
escape(string)
```

函数参数 string 为必选参数，表示需要被编码的字符串。需要注意的是，该函数不会对 ASCII 字母或数字进行编码，也不会对 *、@、-、_、+/等 ASCII 标点符号进行编码。

(9) unescape( ) 函数

unescape( ) 函数可以对通过 escape( ) 函数编码的字符串进行解码，该函数的语法如下。

```
unescape(string)
```

函数参数 string 为必选参数，表示需要被编码的字符串。

6.1.4　事件

事件是浏览者通过鼠标或键盘执行的操作，对此事件做出的响应代码称为事件处理程序，而事件的发生使得响应的事件处理程序被执行，称为事件驱动。

1. 分类

JavaScript 中的事件可以分为鼠标交互事件以及键盘和表单事件等类型的事件。

(1)鼠标单击事件

鼠标单击事件(on click)是用户单击鼠标时所产生的事件，此时该事件指定的事件处理程序或代码将被调用执行。

鼠标单击事件可分为单击事件(click)、双击事件(dblclick)、鼠标按下(mousedown)和鼠标释放(mouseup)4 种类型。其中鼠标单击是按下并释放鼠标键的完整过程所产生的事件；鼠标按下事件是指鼠标按下鼠标键时产生的事件，此时程序不会理会鼠标键是否被释放；鼠标释放事件是指鼠标键被释放时所发生的事件，而按下鼠标键不会引发相应的事件。

诱发单击事件执行的对象包括按钮(button)、复选框(checkbox)、单选按钮(radio)、重置按钮(reset buttons)和提交按钮(submit buttons)。

(2)键盘事件

键盘事件(on keydown)是指在文本框中输入文本时所发生的事件，可分为按下键盘(keydown)、释放键盘(keyup)和按下并释放键盘(keypress)3 种事件。

(3)改变事件

改变事件(on change)是在操作文本框或下拉列表框中产生的事件，用户只要修改下拉列表框中可选项便会激发该事件。另外，当用户修改文本框中的文字并失去文本框焦点时，也会激发该事件。

(4)选择事件

选择事件(on select)是在文本框或下拉列表框对象中的文字被点亮后所引发的事件。

(5)获得焦点事件

获得焦点事件(on focus)是在用户单击文本框或下拉列表框对象时所引发的事件，该事件被引发后将成为前台对象。

(6)失去焦点事件

失去焦点事件(on blur)是当文本框或下拉列表框对象不再拥有焦点时所引发的事件，该事件与 onFocus 为对应关系。

(7)载入文件

载入文件(on load)事件是在文件被载入时引发该事件，当首次载入一个文件时该事件会检测 cookie 的值，并为其赋值(变量值)，使它可以被源代码使用。

(8)卸载文件

卸载文件(on unload)是在 Web 页面退出时所引发的事件，该事件可更新 cookie 的状态。

2. 关联事件与处理代码

在 JavaScript 中，事件是由浏览器来通知程序对事件进行响应的。事件产生时，浏览器会直接调用 JavaScript 程序来响应事件。

事件的处理程序可以是任意的 JavaScript 语句，也可以使用特定的自定义函数(function)来处理事件。一般情况下可通过下列 3 种方法，来指定事件处理程序。

(1)在 HTML 标签中指定

用户可以直接在 HTML 标签中来指定事件及处理程序，其语法格式如下。

```
<标记... 事件="事件处理程序"[事件="事件处理程序"...]>
```

(2)JavaScript 代码指定

除了可以在 HTML 中指定事件及处理程序之外，用户还可以在 JavaScript 程序中，通过设置对象事件属性的方法进行指定。

(3)JavaScript 说明指定

使用 JavaScript 说明方法指定事件处理程序的语法格式如下。

```
<事件主角-对象>.<事件>=<事件处理程序>;
```

在该指定方法中，“事件处理程序”是真正的代码。在 JavaScript 中，通常使用函数(function)来处理对象。

3. 调用事件

在 JavaScript 中，可以运用函数和代码来调用事件，也就是自定义响应事件，从而增加了网页的交互性。

调用函数事件是将一个函数作为事件的处理程序，在调用函数时首先需要定义函数，再调用该函数。

调用代码事件是将代码作为事件的处理程序对于比较简单的事件响应程序，则可以将响应代码直接写入事件中，不必写入到<script>标签中。

在处理事件时，除了调用函数和代码之外，还可以将事件绑定到对象中。该绑定属于动态绑定需要结合 DOM 对象一起使用。

在 HTML 中分配事件处理程序，只需要在 HTML 标记中添加相应的事件，并在其中指定要执行的代码或是函数名即可。

调用事件的示例代码如下。

```
<! DOCTYPE html>
<html>
    <head>
        <meta charset="utf-8">
        <title></title>
    <script>
            function test()
            {
            alert("欢迎进入此页面!");
```

```
            }
        </script>
    </head>
    <body onload="test()">
        <from>
        <input type="button" value="单击" onclick="test()">
        </from>
    </body>
</html>
```

使用浏览器预览，其效果如图 6-7 所示。

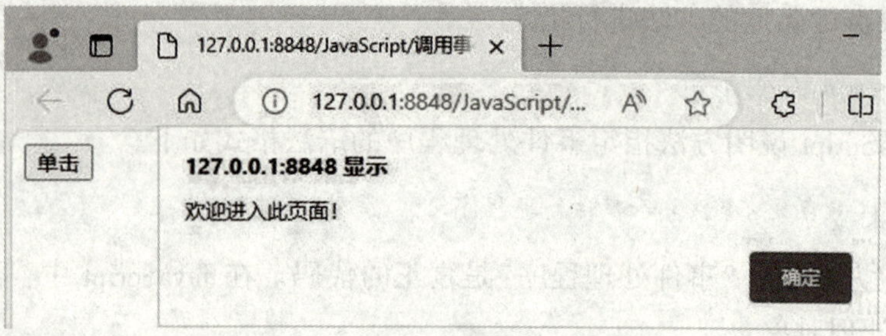

图 6-7　调用事件效果

案例　制作精选图书模块网页

通过开发精选图书模块，不仅能提升开发者对 HTML5 和 JavaScript 技术的实际应用能力，还能为用户提供一个直观、便捷、内容丰富的阅读空间，有助于提升平台的整体品质和市场竞争力。精选图书模块网页效果如图 6-8 所示。

制作精选图书模块网页

图 6-8　精选图书模块网页效果

制作精选图书模块网页步骤如下。

(1)在 HBuilderX 中新建普通项目，命名为 book，在项目类别中选择“基本 HTML 项目”模板。

(2)在 book 项目上右击，在弹出的快捷菜单中选择“新建”→“html 文件”，打开“新建 html 文件”对话框，输入名称为 list. html，单击“创建”按钮。

(3)单击 list. html 文件进入代码编辑窗口。在<title></title>标签中设置网页标题为“精选图书模块”并引入外部 css 样式表。

```
<head>
    <meta charset="UTF-8">
      <link rel="stylesheet" href="css/style. css">
      <title>精选图书模块</title>
</head>
```

(4)在<body></body>标签中，添加一组<section></section>标签用来放置精选图书，并设置好 css。然后在<section>标签中插入标题“精选图书 · 感悟智慧的力量”和一个无序列表<ul>。

```
<section id="selected-books">
      <h2 class="section-title">精选图书<span>·感悟智慧的力量</span></h2>
      <ul id="book-list">
         <! --动态生成的书籍列表 -->

      </ul>
   </section>
```

(5)在<body></body>标签中，引入 js 文件。

```
<script src="js/scripts. js"></script>
```

(6)在 book 项目下的 css 文件夹上右击，在弹出的快捷菜单中选择“新建”→“css 文件”，打开“新建 CSS 文件”对话框，命名为 style. css，单击“创建”按钮。

(7)单击步骤(6)中新建的 styles. css 文件打开代码编辑窗口，设置网页各部分内容的样式。

```
#selected-books {
   width: 80%;
   margin: 0 auto;
   text-align: center;
}
#book-list {
   list-style-type: none;
   padding: 0;
}
. book-item {
   display: inline-block;
```

```
        margin: 10px;
        padding: 10px;
        background-color: #f0f0f0;
        border: 1px solid #ccc;
        border-radius: 5px;
        text-align: left;
    }
    .book-title {
        font-weight: bold;
        margin-bottom: 5px;
    }
    .book-author {
        color: #666;
    }
    .book-cover {
        width: 100px;
        height: 150px;
        object-fit: cover;
        margin-right: 10px;
        float: left;
    }
    .read-more {
        background-color: #333;
        color: #fff;
        border: none;
        padding: 8px 15px;
        border-radius: 5px;
        cursor: pointer;
        font-size: 14px;
        text-transform: uppercase;
        transition: background-color 0.3s ease-in-out;
    }
```

(8)在 music 项目下的 js 文件上右击，在弹出的快捷菜单中选择“新建”→“js 文件”，打开“新建 JS 文件”对话框，命名为 scripts. js，单击“创建”按钮。

(9)单击 scripts. js 文件，进入编辑代码区域，首先创建一个图书对象数组，对象包含了书名、作者等相关信息。

```
//假设我们有一个图书对象数组
var books = [
    {title: '红岩', author: '杨益言，罗广斌', coverUrl: 'img/hongyan.jpg' },
    {title: '苦难辉煌', author: '金一南', coverUrl: 'img/kunanhuihuang.jpg'},
        {title: '青春之歌', author: '杨沫', coverUrl: 'img/qingchunzhige.jpg' },
        {title: '平凡的世界', author: '路遥', coverUrl: 'img/pingfanshijie.jpg'},
```

```
    //更多图书...
];
```

(10)在 scripts. js 文件，创建 DOM 元素，生成页面内容。

```
//创建 DOM 元素
function createBookElement(book) {
  var bookItem = document. createElement('li');
  bookItem. classList. add('book-item');

  var bookCover = document. createElement('img');
  bookCover. src = book. coverUrl;
  bookCover. classList. add('book-cover');
  bookItem. appendChild(bookCover);

  var bookInfo = document. createElement('div');
  bookInfo. innerHTML = `
    <h3 class="book-title">${book. title}</h3>
    <p class="book-author">${book. author}</p>
        <button class="read-more">查看详情</button>
  `;
  bookItem. appendChild(bookInfo);

  return bookItem;
}
```

(11)在 scripts. js 文件，绑定事件，在页面加载后立即生成精选图书列表。

```
//事件绑定
window. onload = function () {
    var bookList = document. getElementById('book-list');
    //动态生成书籍列表
    for (var i = 0; i < books. length; i++) {
        var bookElement = createBookElement(books[i]);
        bookList. appendChild(bookElement);
    }
    //示例:假设我们需要为每个书籍添加点击事件
    bookList. addEventListener('click', function(event) {
        if (event. target. classList. contains('book-item')) {
    console. log('点击了图书:', event. target. querySelector('. book-title'). textContent);
            //在此处添加点击图书后的具体行为,如跳转详情页等
        }
    });
};
```

任务评价

评价内容	评价标准	分值	学生自评	老师评估
JavaScript 语言基础	了解 JavaScript 的特点	5		
	掌握 JavaScript 的语法	5		
BOM 对象和 DOM 对象	掌握 BOM 对象的属性、方法	10		
	掌握 DOM 对象的属性、方法、集合	10		
JavaScript 函数	掌握函数的创建和定义	20		
事件	了解事件的分类	5		
	掌握事件的处理代码	10		
JavaScript 对象	掌握 JavaScript 中各种对象的语法	15		
制作精选图书模块网页	会制作精选图书模块网页	20		
总分		100		

任务 2 jQuery 基础

任务描述

jQuery 提供了一种简单的方法来操作 DOM，通过选择器语法，开发者可以轻松地获取页面元素。这使得定位到特定的元素并对其进行样式或内容上的修改变得更加直观和便捷。

任务分析

通过本任务的学习，读者能了解 jQuery 定义，会下载和引用 jQuery，掌握 jQuery 中的各种选择器的用法，掌握 DOM 的制作步骤和方法，最后利用所学知识制作美丽乡村信息网页。

任务重点与实施

jQuery 是继 Prototype 之后又一个优秀的 Javascript 框架。其宗旨是--WRITE LESS，DO MORE，写更少的代码，做更多的事情。它是轻量级的 js 库，这是其他的 js 库所不及的，它兼容 CSS3，还兼容各种常用浏览器。

6.2.1　jQuery 下载与引入

jQuery 是一个开源的脚本库，可以在官方网站(http：//jquery.com)中下载到最新版本的 jQuery 库。

(1)进入官网界面：http：//jquery.com，如图 6-9 所示。

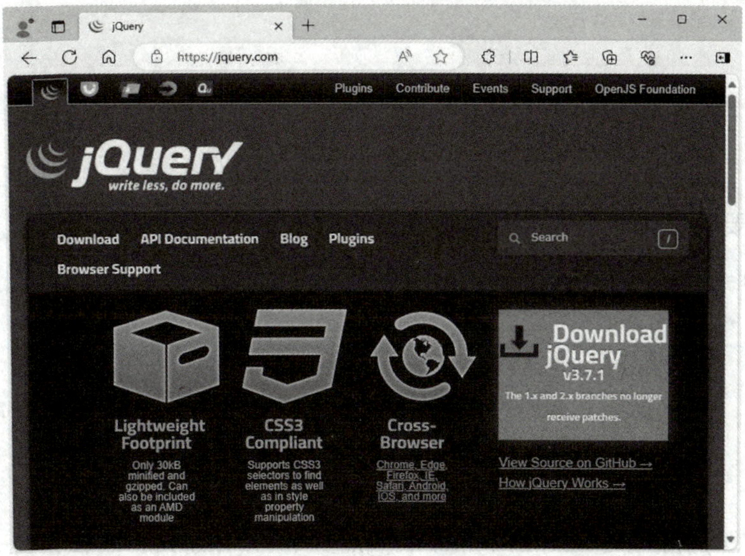

图 6-9　jQuery 官网

(2)单击 Download 选项，打开如图 6-10 所示的 jQuery 下载界面，在“Download the compressed，_production jQuery 3.7.1”上右击，在弹出的快捷菜单中选择“将链接另存为”选项，打开“另存为”对话框，设置保存路径，单击“保存”按钮，开始下载 jquery-3.7.1.min.js 文件。

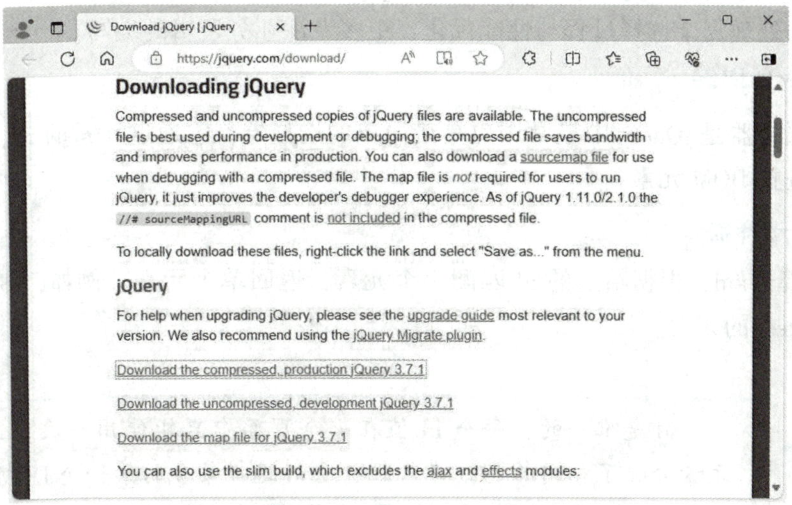

图 6-10　jQuery 下载界面

(3)将 jQuery 库下载到本地计算机后，还需要在项目中配置 jQuery 库。即将下载后的 jquery-3. 7. 1. min. js 文件放置到项目的指定文件夹中，通常放置在 JS 文件夹中。在 HBuliderX 中新建项目，并创建 JS 文件夹，将下载后的 jquery-3. 7. 1. min. js 文件放置到 JS 文件夹中，如图 6-11 所示。

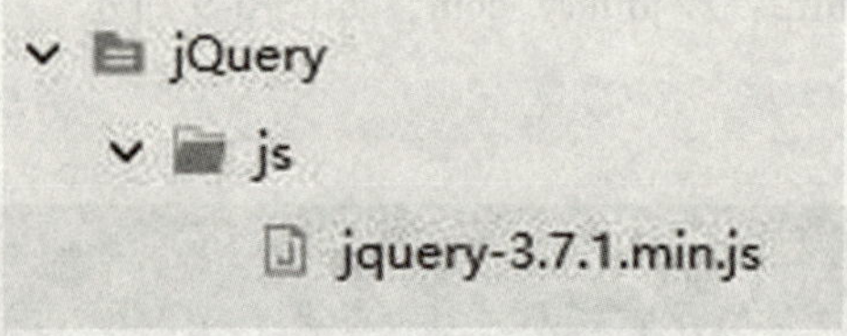

图 6-11　配置 jQuery 库

(4)在需要应用 jQuery 的页面中使用下面的语句，将其引用到文件中。

```
<script src ="js/jquery-3. 7. 1. min. js" type ="text/javascript"></script>
```

提示

script 标签的 src 属性中，要根据 jQuery 文件所在的目录引入，如果 jQuery 文件和当前的 HTML 文件放在同一个目录下，即可直接写 jQuery 的文件名；如果 jQuery 文件和 HTML 文件不在同一个目录下，可以使用相对路径和绝对路径的方式引入 jQuery。在 HTML5 中，script 标签上可以不用添加 type =" text/javascript" 属性，因为 JavaScript 是 HTML5 以及所有现代浏览器中的默认脚本语言。

6. 2. 2　jQuery 选择器

页面的任何操作都需要节点的支撑，用户如何快速高效的找到指定的节点也是网页设计中的一个重点。jQuery 提供了一系列的选择器帮助用户达到这一目的，让用户可以更少的处理复杂选择过程与性能优化，更多专注业务逻辑的编写。

1. 基本选择器

基本选择器是 jQuery 中最常用也是最简单的选择器，它通过元素的 id、class 和标签名等来查找 DOM 元素。

(1)ID 选择器

ID 选择器#id，根据给定的 id 匹配一个元素，返回单个元素，例如，$("#test")选取 id 为 test 的元素。

提示

id 是唯一的，每个 id 值在一个页面中只能使用一次。如果多个元素分配了相同的 id，将只匹配该 id 选择集合的第一个 DOM 元素。

使用 ID 选择器的示例代码如下。

```
<! DOCTYPE html>
<html>
    <head>
        <meta charset="utf-8">
        <title></title>
        <script src="js/jquery-3. 7. 1. min. js" type="text/javascript" ></script>
            <p id="demo">文本</p>
            <button onclick="hide()">点击隐藏文本</button><br/>
            <button onclick="show()">点击显示文本</button>
        <script>
            function hide(){
                $ ("#demo"). hide();
            }
            function show(){
                $ ("#demo"). show();
            }
        </script>
    </head>
    <body>
    </body>
</html>
```

使用浏览器预览，使用 ID 选择器效果如图 6-12 所示。

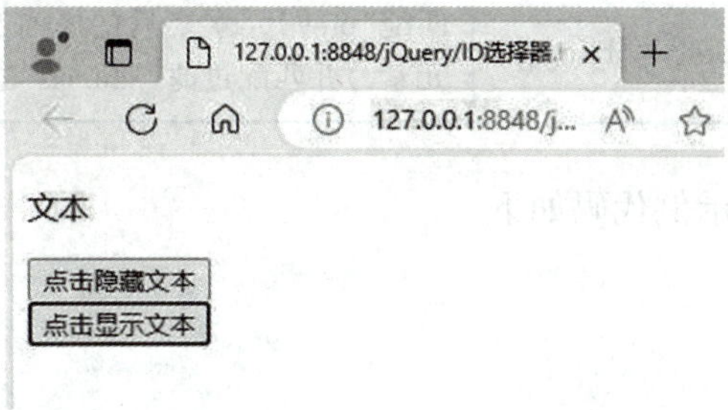

图 6-12　使用 ID 选择器效果

(2)类选择器

类选择器 . class，根据给定的类名匹配元素，返回元素集合，例如，$(". test")选取所有 class 为 test 的元素。类选择器，相对 ID 选择器来说，效率相对会低一点，但是优势就是可以多选。

(3)元素(标签)选择器

元素(标签)选择器 element，根据给定的元素名匹配元素，返回元素集合，例如，$("p")选取所有的<p>元素，$("div")：选取所有的 div 标签。

(4)并集选择器

并集选择器 selector1，selector2，，selectorN，将每个选择器匹配到的元素合并后一起返回，返回合并后的元素集合，例如，$("p，span，p. myClass")选取所有<p>，<span>和 class 为 myClass 的<p>标签的元素集合。

(5)全选择器

全选择器 *，匹配所有元素，返回元素集合，$("*")选取所有的元素。

2. 层次选择器

文档中的所有的节点之间都是有这样或者那样的关系。可以把节点之间的关系可以用传统的家族关系来描述，可以把文档树当作一个家谱，那么节点与节点直接就会存在父子、兄弟、祖孙的关系了。

层次选择器通过 DOM 元素间的层次关系来获取元素，主要的层次关系包括父子、后代、相邻、兄弟关系，具体见表 6-15。

表 6-15　层次选择器

选择器	示例	说明
后代选择器	$("p span")	选择给定的祖先元素的所有后代元素，一个元素的后代可能是该元素的一个孩子，孙子，曾孙等
子选择器	$("p>span")	选择所有指定"p"元素中指定的"span"的直接子元素
相邻兄弟选择器	$("prev + next")	选择所有紧接在"prev"元素后的"next"元素
一般兄弟选择器	$("prev ~ siblings")	匹配"prev"元素之后的所有兄弟元素，具有相同的父元素，并匹配过滤"siblings"选择器

使用层次选择器的示例代码如下。

```
<! DOCTYPE html>
<html>
    <head>
        <meta charset="utf-8">
        <title></title>
        <script src="js/jquery-3. 7. 1. min. js" type="text/javascript" ></script>
    <style type="text/css">
        div,span{
            width: 180px;
            height: 180px;
            margin: 20px;
            background: #9999CC;
            border: #000 1px solid;
            float:left;
            font-size: 17px;
```

```
          font-family:Roman;
        }
        div. mini{
          width: 60px;
          height: 60px;
          background: #CC66FF;
          border: #000 1px solid;
          font-size: 12px;
          font-family:Roman;
        }
        div. mini01{
          width: 60px;
          height: 60px;
          background: #CC66FF;
          border: #000 1px solid;
          font-size: 12px;
          font-family:Roman;
        }
        div. visible{
          display:none;
        }
      </style>
      <script type="text/javascript">
        $ (function () {
          $ ("#b1"). click(function () {
        $ ("body div"). css("backgroundColor","pink");
      });
      $ ("#b2"). click(function () {
        $ ("body > div"). css("backgroundColor","pink");
      });
      </script>
  </head>
  <body>
      <input type="button" value="保存" />
      <input type="button" value="改变所有元素的背景"  id="b1"/>
      <input type="button" value="改变子元素的背景"  id="b2"/>
      <div id="one">
        title="title"
      </div>
      <div id="two" class="mini"  title="test">
        title="test"
        <div class="mini">mini</div>
      </div>
      <div class="visible">
```

```
            <div class="mini">mini</div>
          </div>
          <div class="one" title="test02">
            title="test02"
            <div class="mini01">mini01</div>
            <div class="mini" style="margin-top:5px;">mini</div>
          </div>
      </body>
  </html>
```

使用浏览器预览，单击“改变子元素的背景”按钮，使用层次选择器效果如图 6-13 所示。

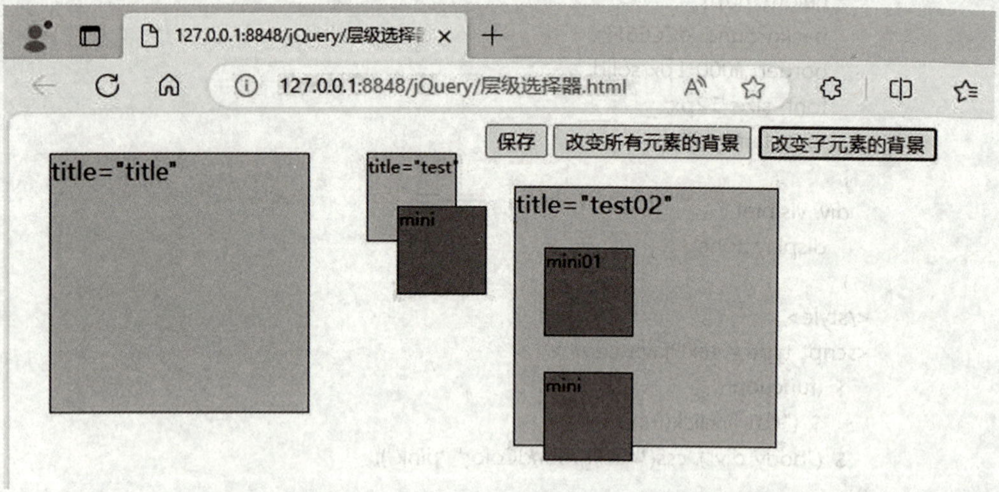

图 6-13　使用层次选择器的效果

3. 过滤选择器

很多时候用户不能直接通过基本选择器与层级选择器找到想要的元素，为此 jQuery 提供了一系列的筛选选择器用来更快捷的找到所需的 DOM 元素。过滤选择器很多都不是 CSS 的规范，而是 jQuery 为了用户的便利延展出来的选择器。

过滤选择器是根据某类过滤规则进行元素的匹配，其用法与 CSS 中的伪元素相似，选择器用冒号“:”开头。

(1) 基本过滤选择器

基本过滤选择器是过滤择器中使用最广泛的一种，具体说明见表 6-16。

表 6-16　基本过滤选择器

选择器	示例	说明
: first	$("p: first")	选取第一个元素，返回单个元素

（续表）

选择器	示例	说明
：last	$("p：last")	选取最后一个元素，返回单个元素
：not(selector)	$("input：not(.myClass)")	去除所有与给定选择器匹配的元素，返回元素集合
：even	$("prev ~ siblings")	选取索引是偶数的所有元素，索引从 0 开始，返回元素集合
：odd	$("：odd")	选取索引是奇数的所有元素，索引从 0 开始，返回元素集合
：eq(index)	$("：eq(index)")	选取索引等于 index 的元素，索引从 0 开始，返回单个元素
：gt(index)	$("：gt(index)")	选取索引大于 index 的元素，索引从 0 开始，返回元素集合
：It(index)	$("：It(index)")	选取索引小于于 index 的元素，索引从 0 开始，返回元素集合
：focus	$("：focus")	选取当前获取焦点的元素

(2)内容过滤选择器

基本筛选选择器主要针对元素 DOM 节点进行操作，但如果希望通过内容来进行过滤，jQuery 也为我们提供了一组内容筛选选择器。这些选择器的规则可以应用于所选元素的子元素或文本内容上，具体见表 6-17。

表 6-17　内容过滤选择器

选择器	示例	说明
：contains(text)	$("p：contains('我')	选取含有文本内容为 text 的元素，返回元素集合
：empty	$("p：empty")	选取含有选择器所匹配的元素的元素，返回元素集合
：has(selector)	$("p：has(p)")	去除所有与给定选择器匹配的元素，返回元素集合
：parent	$("p：parent")	选取含有选择器所匹配的元素的元素，返回元素集合

(3)可见性过滤选择器

元素有显示状态与隐藏状态，jQuery 根据元素的状态扩展了可见性过滤选择器，具体见表 6-18。

表 6-18　内容过滤选择器

选择器	示例	说明
：hidden	$(":hidden")	选取所有不可见的元素，返回元素集合
：visible	$(":visible")	选取所有可见的元素，返回元素集合

(4)属性过滤选择器

属性选择器允许用户根据元素的属性来定位它们。用户可以仅指定元素的某个属性，这样所有具有该属性的元素都会被选中，而不考虑属性值，具体见表 6-19。

表 6-19　属性过滤选择器

选择器	示例	说明
[attribute]	$("p[id]")	选择所有具有指定属性的元素，该属性可以是任何值
[attribute=value]	$("input[name=text]")	选择指定属性是给定值的元素
[attribute！=value]	$("input[name！=text]")	选择不存在指定属性，或者指定的属性值不等于给定值的元素
[attribute^=value]	$("input[name^=text]")	选择指定属性是以给定字符串开始的元素
[attribute $=value]	$("input[name $=text]")	选择指定属性是以给定值结尾的元素，这个比较是区分大小写的
[attribute *=value]	$("input[name *=text]"	选择指定属性具有包含一个给定的子字符串的元素(选择给定的属 性是以包含某些值的元素)
[attribute ~=value]	$("input[class~=text]")	选择指定属性用空格分隔的值中包含一个给定值的元素

使用属性过滤选择器的示例代码如下。

```
<! DOCTYPE html>
<html>
    <head>
    <meta charset="utf-8">
    <title></title>
    <script src="js/jquery-3.7.1.min.js" type="text/javascript" ></script>
    <style type="text/css">
        div,span{
          width: 180px;
          height: 180px;
          margin: 20px;
          background: #9999CC;
          border: #000 1px solid;
```

```
            float:left;
            font-size: 17px;
            font-family:Roman;
        }
        div. mini{
            width: 60px;
            height: 60px;
            background: #CC66FF;
            border: #000 1px solid;
            font-size: 12px;
            font-family:Roman;
        }
        div. mini01{
            width: 60px;
            height: 60px;
            background: #CC66FF;
            border: #000 1px solid;
            font-size: 12px;
            font-family:Roman;
        }
        div. visible{
            display:none;
        }
    </style>
    <script type="text/javascript">
        $ (function () {
        // <input type="button" value=" 属性 title 值 以 te 开始 的 div 元素背景色为红色"
id="b1"/>
        $ ("#b1"). click(function () {
            $ ("div[title^='te']"). css("backgroundColor","pink");
            });
        });
    </script>
</head>
<body>
    <input type="button" value="保存" class="mini" name="ok"/>
    <input type="button" value=" 将 te 开始的元素背景色改为粉色"  id="b1"/>
    <div id="one">
        title="title"
    </div>
    <div id="two" class="mini"  title="test">
        title="test"
        <div class="mini">mini</div>
    </div>
    <div class="visible">
```

```
            <div class="mini">mini</div>
        </div>
        <div class="one" title="test02">
            title="test02"
            <div class="mini01">mini01</div>
            <div class="mini" style="margin-top:5px;">mini</div>
        </div>
    </body>
</html>
```

使用浏览器预览，单击“将 te 开始的元素背景改为粉色”按钮，使用属性过滤选择器效果如图 6-14 所示。

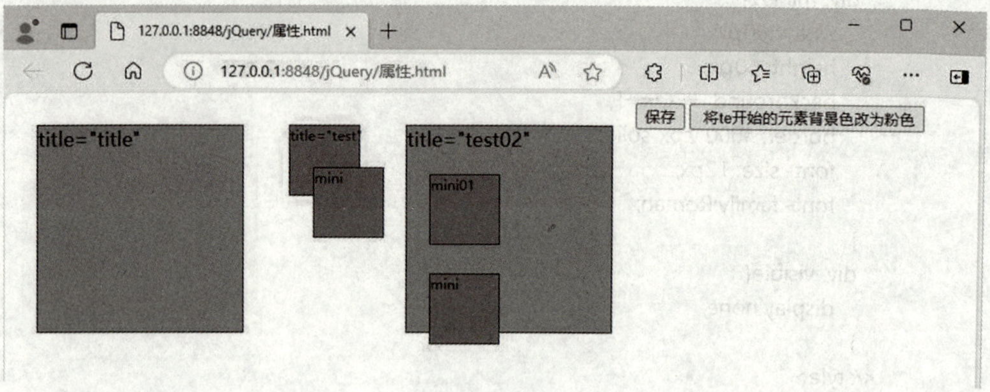

图 6-14　使用属性过滤选择器的效果

4. 表单元素选择器

无论是提交还是传递数据，表单元素在动态交互页面的作用是非常重要的。jQuery 中专门加入了表单选择器，从而能够极其方便地获取到某个类型的表单元素，具体见表 6-20。

表 6-20　表单元素选择器

选择器	示例	说明
：text	$("：text")	选择所有的单行文本框
：password	$("：password")	选择所有的密码框
：button	$("：button")	选择所有的按钮
：checkbox	$("：checkbox")	选择所有的复选框

（续表）

选择器	示例	说明
：submit	$("：submit")	选择所有的提交按钮

使用表单元素选择器的示例代码如下。

```
<! DOCTYPE html>
<html>
    <head>
    <meta charset="utf-8">
    <title></title>
    <script src="js/jquery-3. 7. 1. min. js" type="text/javascript"></script>
        <script type="text/javascript">
            $ (function () {
            //利用 jQuery 对象的 length 属性获取复选框选中的个数
        $ ("#b1"). click(function () {
            alert($ (":checkbox:checked"). length);
              });
            });
        </script>
    </head>
    <body>
        <input type="button" value="复选框选中的个数"  id="b1"/>
        <br><br>
        <input type="checkbox" name="items" value="美容">机械
        <input type="checkbox" name="items" value="IT">IT
        <input type="checkbox" name="items" value="金融">金融
        <input type="checkbox" name="items" value="管理">管理
    </body>
</html>
```

使用浏览器预览，勾选复选框后，单击“复选框选中的个数”按钮，使用表单元素选择器效果如图 6-15 所示。

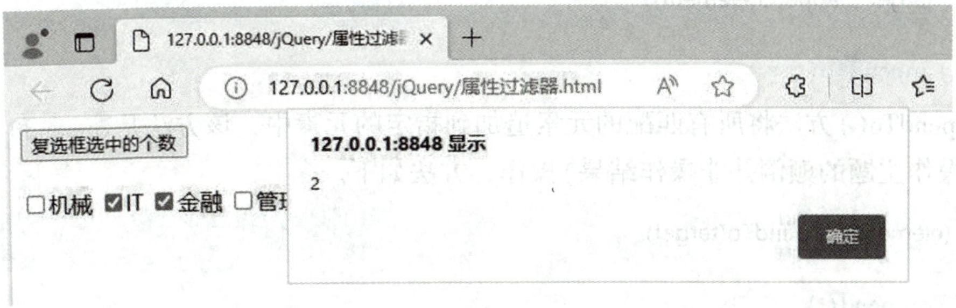

图 6-15　使用表单元素选择器的效果

6.2.3 jQuery 的 DOM 制作

DOM 是一种与浏览器、平台、语言无关的接口，使用该接口可以轻松访问页面中所有的标准组件。

jQuery 中的 DOM 操作主要包括：新建、添加、删除、修改、查找。

1. 新建 DOM 节点

(1)创建元素节点

把创建元素节点的结构给通过 HTML 标记字符串描述出来，通过 $( ) 函数处理，方法如下。

```
$ ("<div></div>")
```

(2)创建文本节点

创建文本节点与创建元素节点类似，可以直接把文本内容一并描述，方法如下。

```
$ ("<div>我是文本节点</div>")
```

(3)创建属性节点

创建属性节点与创建元素节点同样的方式，方法如下。

```
$ ("<div id='test' class='aaron'>Ex</div>")
```

2. 添加 DOM 节点

动态新建元素不添加到文档中没有实际意义，将新建的节点插入到文档中有多个方法，如 append( )、appendTo( )、prepend( )、prependTo( )、after( )、insertAfter( )、before( )、insertBefore(　　)。

(1)append( )

append( )方法向匹配的元素内部追加内容，方法如下。

```
$ ("target"). append(element)。
```

(2)appendTo( )

appendTo( )方法将所有匹配的元素追加到指定的元素中，该方法是 append0 方法的颠倒(操作主题的颠倒并非操作结果)操作，方法如下。

```
$ (element). appendTo(target)。
```

(3)prepend( )

prepend( )方法将每匹配的元素内部前置要添加的元素，方法如下。

```
$ (target). prepend(element)。
```

(4) prependTo( )

prependTo( )方法将元素添加到每一个匹配的元素内部前置，方法如下。

```
$ (element). prependTo(        )。
```

(5) after( )

after( )方法向匹配的元素后面添加元素，新添加的元素作为目标元素后的紧邻的兄弟元素，方法如下。

```
$ (target). after(element);
```

(6) insertAfter( )

insertAfter( )方法将新建的元素插入到查找到的目标元素后，作为目标元素的兄弟节点，方法如下。

```
$ (element). insertAfter(target);
```

(7) before( )

before( )方法在每一个匹配的元素之前插入，作为匹配元素的前一个兄弟节点，方法如下。

```
$ (target). before(element);
```

(8) insertBefore( )

insertBefore( )方法将新建元素添加到目标元素前，作为目标元素的前一个兄弟节点，方法如下。

```
$ (element). insertBefore(target);
```

添加节点示例代码如下。

```
<! DOCTYPE html>
<html>
    <head>
    <meta charset="utf-8">
    <title></title>
    <script src="js/jquery-3. 7. 1. min. js" type="text/javascript"></script>
    </head>
    <body>
        <div id="example">为了祖国的美好明天而努力！ </div>
        <button id="btn">单击添加新段落</button>
          <script>
                $ (document). ready(function(){
                  $ ("#btn"). click(function(){
                    $ ("#example"). append("<p>加油！ </p>");
                  });
```

```
        });
        </script>
    </body>
</html>
```

使用浏览器预览，添加节点效果如图 6-16 所示。当单击“单击添加新段落”按钮时，会将一个新的段落元素添加到"example"的 div 元素中。

（a）　　　　　　（b）

图 6-16　添加节点效果

3. 删除 DOM 节点

如果想要删除文档中的某个元素 jQuery 提供了两种删除节点的方法：remove( ) 和 empty( )。

(1) remove( )

remove( )方法删除所有匹配的元素，传入的参数用于筛选元素，该方法能删除元素中的所有子节点，当匹配的节点及后代被删除后，该方法返回值是指向被删除节点的引用，因此可以使用该引用，再使用这些被删除的元素，方法如下。

```
$ (element). remove();
```

(2) empty( )

empty( )方法严格来讲并不是删除元素，该方法只是清空节点，它能清空元素中的所有子节点，方法如下。

```
$ (element). empty();
```

删除节点示例代码如下。

```
<! DOCTYPE html>
<html>
    <head>
    <meta charset="utf-8">
    <title></title>
    <script src="js/jquery-3. 7. 1. min. js" type="text/javascript"></script>
    </head>
    <body>
```

```
<div id="example">这处错误。</div>
<button id="btn">删除</button>
<script>
    $ (document). ready(function(){
        $ ("#btn"). click(function(){
            $ ("#example"). remove();
        });
    });
    </script>
  </body>
</html>
```

使用浏览器预览，删除节点效果如图 6-17 所示。当单击“删除”按钮时，会将"example"中的元素删除。

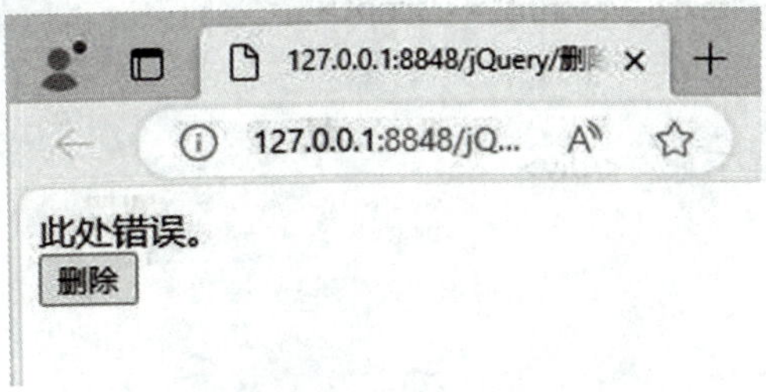

（a）

（b）

图 6-17　删除节点效果

4. 修改节点

修改文档中的元素节点可以使用多种方法：复制节点、替换节点、包裹节点。

（1）复制节点

复制节点方法能够复制节点元素，并且能够根据参数决定是否复制节点元素的行为，方法如下。

```
$ (element). clone(true);
```

（2）替换节点

替换节点方法能够替换某个节点，有两种形式实现：replaceWith( ) 和 replaceAll( )。

使用 replaceWith( ) 方法使用后面的元素替换前面的元素，replaceAll( ) 方法使用前面的元素替换后面的元素。

（3）包裹节点

包裹节点方法使用其他标记包裹目标元素从而改变元素的显示形式等，并且该操作不会破坏原始文档的词义。包裹节点有三种实现形式：wrap ( )；wrapAll ( )；wraplnner( )。

wrap( )：将元素用其他元素包裹起来，也就是给它增加一个父元素。例如，. wrap

(wrappingElement)是指在集合中匹配的每个元素周围包裹一个 HTML 结构。

wrapAll()：将集合中的元素用其他元素包裹起来，也就是给他们增加一个父元素。例如，. wrapAll(wrappingElement)是指给集合中匹配的元素增加一个外面包裹 HTML 结构

wraplnner()：将集合中的元素内部所有的子元素用其他元素包裹起来，并当作指定元素的子元素。例如，. wraplnner(wrappingElement)：是指给集合中匹配的元素的内部，增加包裹的 HTML 结构。

修改节点示例代码如下。

```
<! DOCTYPE html>
<html>
    <head>
    <meta charset="utf-8">
    <title></title>
    <script src="js/jquery-3. 7. 1. min. js" type="text/javascript"></script>
    </head>
    <body>
        <div id="example">天行健,君子以自强不息。</div>
            <button id="btn">替换</button>

        <script>
            $ (document). ready(function(){
                $ ("#btn"). click(function(){
                    var newElement = $ ("<p>有志者事竟成</p>");
                    $ ("#example"). replaceWith(newElement);
                });
            });
        </script>
    </body>
</html>
```

使用浏览器预览，替换节点效果如图 6-18 所示。当单击“替换”按钮时，会将一个新的段落元素替换“example”中的元素。

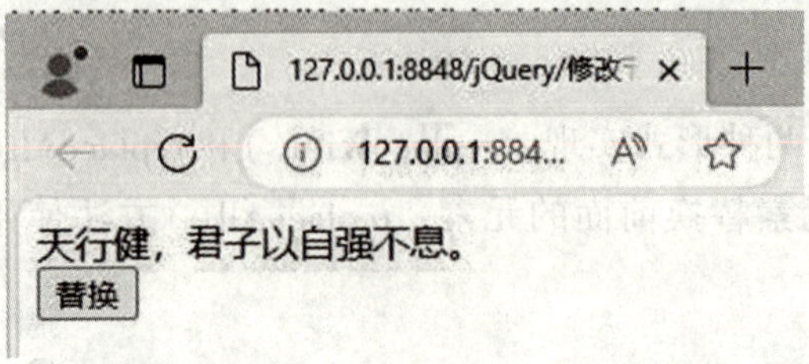

(a)

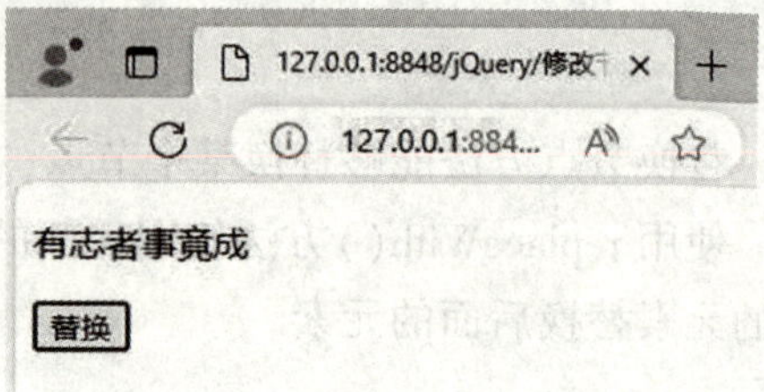

(b)

图 6-18 替换节点效果

5. 查找 DOM 节点

(1) children()：快速查找合集里面的第一级子元素。

(2) find()：快速查找 DOM 树中的这些元素的后代元素。children 是父子关系查

找，find 是后代关系(包含父子关系)。

例如，下列这段代码。

```
<div class="div">
    <ul class="son">
        <li class="grandson">1</li>
    </ul>
</div>
```

代码如果是 $("div").children()，那么意味着只能找到 ul，因为 div 与 ul 是父子关系，li 与 div 是祖辈关系，因此无法找到。

代码如果是 $("div").find("li")，此时，li 与 div 是祖辈关系，通过 find 方法就可以快速的查找到了。

(3) parent()：快速查找合集里面的这些元素的父级元素。

(4) parents()：快速查找合集里面的每一个元素的所有祖辈元素。

(5) next()：快速查找指定元素集合中每一个元素紧邻的后面同辈元素的元素集合。

(6) prev()：快速查找指定元素集合中每一个元素紧邻的前面同辈元素的元素集合。

(7) siblings()：快速查找指定元素集合中每一个元素的同辈元素。

查找节点示例代码如下。

```
<! DOCTYPE html>
<html>
    <head>
    <meta charset="utf-8">
    <title></title>
    <script src="js/jquery-3.7.1.min.js" type="text/javascript"></script>
    </head>
    <body>
        <div id="example">
            <p>精诚所至，金石为开。</p>
        </div>
        <button id="btn">查找</button>

        <script>
            $(document).ready(function(){
                $("#btn").click(function(){
                    $("#example p").parent().css("border", "1px solid red");
                });
            });
        </script>
    </body>
</html>
```

使用浏览器预览，其效果如图 6-19 所示。当单击“查找”按钮时，会将"example"中的 div 元素的父元素(即 div 元素本身)的边框设置为红色。

（a） （b）

图 6-19 查找节点效果

案例 制作美丽乡村信息网

通过搭建一个集展示、宣传、互动于一体的移动互联网平台以及丰富的多媒体形式(如图文、交互等)，提升用户体验，让用户能更直观、生动地感受不同乡村的魅力。同时借助现代科技手段推动美丽乡村的建设与发展，促进城乡资源共享和均衡发展。美丽乡村信息网页效果如图 6-20 所示。

制作美丽乡村信息网

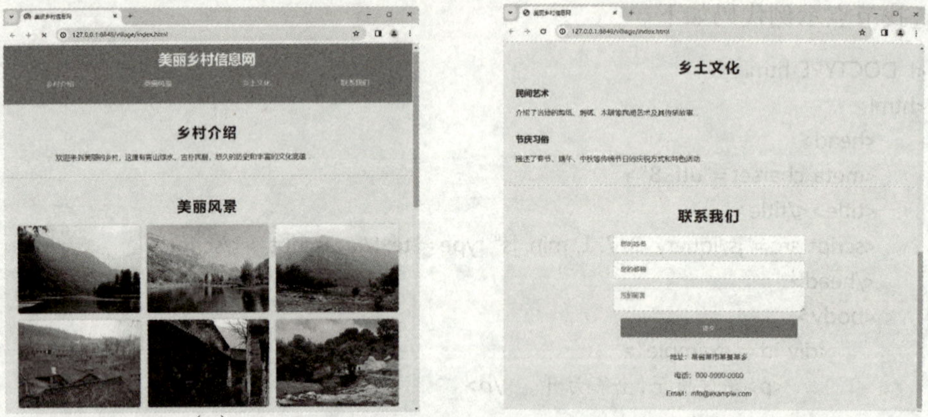

（a） （b）

图 6-20 美丽乡村信息网网页效果

具体操作步骤如下。

(1)在 HBuilderX 中新建普通项目，命名为 village，在项目类别中选择“基本 HTML 项目”模板。

(2)单击项目下的 index. html 文件进入代码编辑窗口。在<title></title>标签中设置网页标题为“美丽乡村信息网”并引入外部 css 样式表。

```
<head>
  <meta charset="UTF-8">
  <title>美丽乡村信息网</title>

  <link rel="stylesheet" href="css/style. css">
  <script src="https://code. jquery. com/jquery-3. 7. 1. min. js"></script>
  <script src="js/scripts. js"></script>
</head>
```

(3)在<body></body>标签中，添加<header></header>标签，在<header>标签中插入标题“美丽乡村信息网”和导航链接。

```
<header>
    <h1>美丽乡村信息网</h1>
  <nav>
     <ul class="menu">
        <li><a href="#introduction" class="scroll-link">乡村介绍</a></li>
        <li><a href="#scenery" class="scroll-link">美丽风景</a></li>
        <li><a href="#culture" class="scroll-link">乡土文化</a></li>
        <li><a href="#contact" class="scroll-link">联系我们</a></li>
     </ul>
  </nav>
</header>
```

(4)在<body></body>标签中，添加<main></main>标签，在<main>标签中插入一组<section></section>标签用来放置第一部分内容“乡村介绍”，设置好相关属性和样式。

```
<main>
<section id="introduction">
  <h2>乡村介绍</h2>
  <div class="content" id="village-intro">

  <p>欢迎来到美丽的乡村,这里有青山绿水,古朴民居,悠久的历史和丰富的文化底蕴... </p>
  <! --此处可以添加更多乡村介绍的具体内容,如地理位置、人口、历史沿革等 -->
  </div>
</section>
<main>
```

(5)在<main>标签中，再添加三组<section></section>标签分别用来放置“美丽风景”“乡土文化”“联系我们”并设置好相关属性和样式。

```
<section id="scenery">
        <h2>美丽风景</h2>
        <div class="gallery" id="scenery-gallery">
              <img src="img/scenery1. jpg" alt="乡村风景 1">
              <img src="img/scenery2. jpg" alt="乡村风景 2">
```

```
                <img src="img/scenery3.jpg" alt="乡村风景 3">
                <img src="img/scenery4.jpg" alt="乡村风景 4">
                <img src="img/scenery5.jpg" alt="乡村风景 5">
                <img src="img/scenery6.jpg" alt="乡村风景 6">
            <!--更多风景图片...-->
        </div>
    </section>
    <section id="culture">
        <h2>乡土文化</h2>
        <div class="content" id="cultural-info">
            <article>
                <h3>民间艺术</h3>
                <p>介绍了当地的剪纸、刺绣、木雕等民间艺术及其传承故事...</p>
            </article>
            <article>
                <h3>节庆习俗</h3>
                <p>描述了春节、端午、中秋等传统节日的庆祝方式和特色活动...</p>
            </article>
            <!--更多文化内容...-->
        </div>
    </section>
    <section id="contact">
        <h2>联系我们</h2>
        <form id="contact-form">
            <input type="text" placeholder="您的姓名" required>
            <input type="email" placeholder="您的邮箱" required>
            <textarea placeholder="您的留言"></textarea>
            <button type="submit">提交</button>
        </form>
        <div id="contact-details">
            <p>地址:某省某市某县某乡</p>
            <p>电话:000-0000-0000</p>
            <p>Email:info@example.com</p>
        </div>
    </section>
```

(6)在 book 项目下的 CSS 文件夹上右击，在弹出的快捷菜单中选择“新建”→“css 文件”，打开“新建 CSS 文件”对话框，命名为 style.css，单击“创建”按钮。

(7)单击步骤(6)中新建的 style.css 文件打开代码编辑窗口，设置网页各部分内容的样式。

```
/* 基础样式 */
body {
  font-family: Arial, sans-serif;
  line-height: 1.6;
```

```
    color: #333;
    margin: 0;
    padding: 0;
}
header {
    background-color: #4CAF50;
    color: white;
    padding: 1rem;
    text-align: center;
}
header h1 {
    margin: 0;
}
nav ul.menu {
    list-style: none;
    display: flex;
    justify-content: space-around;
    padding: 0;
}
nav a {
    color: white;
    text-decoration: none;
    transition: color 0.3s;
}
nav a:hover {
    color: #ddd;
}
section {
    padding: 2rem 0;
}
.gallery {
    display: grid;
    grid-template-columns: repeat(auto-fill, minmax(250px, 1fr));
    grid-gap: 1rem;
}
.gallery img {
    width: 100%;
    height: auto;
    object-fit: cover;
}
form input,
form textarea {
    display: block;
    width: 100%;
```

```
    padding: 0.5rem;
    margin-bottom: 1rem;
    border: 1px solid #ddd;
    border-radius: 4px;
}
form button {
    display: block;
    width: 100%;
    padding: 0.5rem;
    background-color: #4CAF50;
    color: white;
    border: none;
    border-radius: 4px;
    cursor: pointer;
    text-transform: uppercase;
    font-size: 0.875rem;
    transition: background-color 0.3s;
}
form button:hover {
    background-color: #3e8e41;
}
/* 平滑滚动效果 */
.scroll-link {
    position: relative;
}
.scroll-link::after {
    content: "";
    position: absolute;
    bottom: -5px;
    left: 50%;
    width: 0;
    height: 2px;
    background-color: #4CAF50;
    transform: translateX(-50%);
    opacity: 0;
    transition: all 0.3s;
}
.scroll-link:hover::after {
    width: 100%;
    opacity: 1;
}
/* 通用 section 样式 */
section {
    padding: 1rem 2rem;
```

```
    background-color: #f5f5f5;
    border-bottom: 1px solid #ddd;
    transition: background-color 0.3s;
}
section:hover {
    background-color: #e0e0e0;
}
section h2 {
    font-size: 2rem;
    margin-bottom: 1rem;
    color: #333;
    text-align: center;
    letter-spacing: 0.1em;
    text-transform: uppercase;
    position: relative;
}
section h2::before {
    content: "";
    position: absolute;
    top: 50%;
    left: 50%;
    transform: translate(-50%, -50%);
    width: 100px;
    height: 2px;
    transition: background-color 0.3s;
}
/* 乡村介绍 */
section#introduction .content {
    text-align: justify;
    line-height: 1.6;
    max-width: 700px;
    margin: 0 auto;
}
/* 美丽风景 */
section#scenery .gallery {
    display: grid;
    grid-template-columns: repeat(auto-fit, minmax(250px, 1fr));
    grid-gap: 1rem;
}
section#scenery .gallery img {
    width: 100%;
    height: 12.5rem;
    object-fit: cover;
    border-radius: 5px;
```

```
    box-shadow: 0 0 5px rgba(0, 0, 0, 0.1);
}
/* 乡土文化 */
section#culture .content article {
    margin-bottom: 2rem;
}
section#culture .content article h3 {
    margin-bottom: 1rem;
}
/* 活动公告 */
section#events .content article {
    margin-bottom: 2rem;
}
/* 联系我们 */
section#contact form {
    display: flex;
    flex-direction: column;
    align-items: center;
    max-width: 400px;
    margin: 0 auto;
}
section#contact form input,
section#contact form textarea {
    padding: 0.75rem 1rem;
    margin-bottom: 1rem;
    border: 1px solid #ddd;
    border-radius: 4px;
    font-size: 0.9rem;
}
section#contact form button {
    padding: 0.75rem 1.5rem;
    font-size: 0.9rem;
    background-color: #4CAF50;
    color: white;
    border: none;
    border-radius: 4px;
    cursor: pointer;
    text-transform: uppercase;
    transition: background-color 0.3s;
}
section#contact form button:hover {
    background-color: #3e8e41;
}
section#contact #contact-details {
```

```
    text-align: center;
    margin-top: 2rem;
}
/* 响应式设计 */
@media (max-width: 768px) {
    nav ul.menu {
        flex-direction: column;
    }
}
```

(8)在 village 项目下的 JS 文件夹上右击在弹出的快捷菜单中选择“新建”→“js 文件”，打开“新建 JS 文件”对话框，命名为 scripts.js，单击“创建”按钮。

(9)单击 scripts.js 文件，进入编辑代码区域，对导航链接实现平滑滚动效果。

```
$(document).ready(function() {
//平滑滚动效果
$('.scroll-link').on('click', function(e) {
    e.preventDefault();
    let target = $(this).attr('href');
    $('html, body').animate({
        scrollTop: $(target).offset().top
    }, 1000);
});
});
```

(10)在 scripts.js 文件，也可以通过使用 AJAX 获取并填充乡村介绍内容、通过 jQuery 动态添加风景图片以及实现表单的验证和提交逻辑。

```
//示例:使用 AJAX 获取并填充乡村介绍内容
  $.ajax({
    url: 'your-api-url-for-introduction',
    type: 'GET',
    success: function(response) {
        $('#village-intro').html(response.content);
    },
    error: function() {
        $('#village-intro').text('加载失败,请稍后重试!');
    }
  });
  //示例:使用 jQuery 动态添加风景图片
  var sceneryImages = ['image1.jpg', 'image2.jpg', 'image3.jpg'];
  $.each(sceneryImages, function(index, image) {
    $('<img>', {src: image}).appendTo('#scenery-gallery');
  });
  //表单提交示例,此处仅为占位,实际应用中需添加验证和提交逻辑
```

```
$ ('#contact-form'). on('submit', function(e) {
  e. preventDefault();
  //提交表单逻辑...
});
```

任务评价

评价内容	评价标准	分值	学生自评	老师评估
jQuery 下载与引入	能够下载和引入 jQuery	10		
jQuery 选择器	掌握各种选择器的使用	30		
jQuery 的 DOM 制作	能够新建、添加、删除、修改和查找节点	30		
制作美丽乡村信息网	能够制作美丽乡村信息网	30		
总分		100		

项目小结

本项目详细介绍 JavaScript 基础和 jQuery 基础，旨在帮助开发者掌握前端开发中的脚本编程和 DOM 操作技能。首先介绍了 JavaScript 的基本概念、语法结构、数据类型、运算符和事件处理；其次深入讲解了 BOM 和 DOM 对象的属性和方法，并通过实例代码展示了如何创建和操作 JavaScript 函数、对象，以及如何使用事件监听和处理；最后介绍了 jQuery 的选择器、DOM 操作技巧，包括元素的创建、添加、删除和修改。通过精选图书模块网页和美丽乡村信息网页的案例，展示了如何将所学的 JavaScript 和 jQuery 知识应用于实际项目中，以提升网页的交互性和用户体验。

项目习题

一、选择题

1. JavaScript 代码必须出现在下面的哪个标签内部才可以被执行？(　　)

A. body

B. head

C. div

D. script

2. 代码 var sum = 10; for(vari=2; i<10; i++){sum = sum * 0.05+ sum;} alert(parselnt(sum)); 的输出结果是(　　)。

A. 11

B. 12

C. 13

D. 14

3. 下列选择器中哪个是最快，最高效的选择器(　　)。

A. 类选择器

B. 通配符选择器

C. ID 选择器

D. 元素选择器

4. 下面 jQuery 选择器中，不包括(　　)。

A. 基本选择器

B. 后代选择器

C. 类选择器

D. 进一步选择器

5. 在属性过滤选择器中，获取等于给定的属性是某个特定值的元素用(　　)实现。

A. [attribute]

B. [attribute=value]

C. [attribute&l=value]

D. [attribute * =value]

二、问答题

1. 什么是 Javascript？

2. Javascript 脚本如何调用？Javascript 有哪些常用的属性和方法？

3. 什么是 jQuery？jQuery 如何引入到 HTML 中？

4. jQuery 有哪些选择器？

三、操作题

1. 创建一个用户注册的页面

提示：让用户输入用户名、密码、电话和邮箱，如图 6-21 所示，使用 Javascript 脚本完成密码校验、电话号码校验、邮箱校验和空内容校验。

2. 制作简易相册

提示：创建如图 6-22 所示的简易相册，使用 jQuery 完成图片的显示和隐藏。

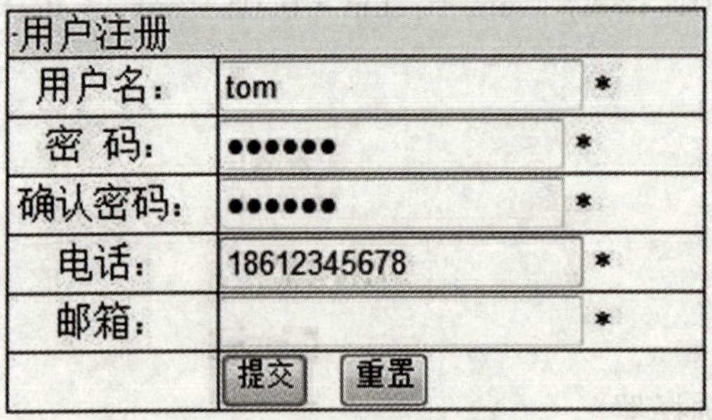

图 6-21　用户注册的页面

图 6-22　简易相册

参 考 文 献

[1]张颖．Web 前端开发基础入门［M］．北京：清华大学出版社，2021.

[2]刘均，史律．Web 前端开发技术［M］．北京：清华大学出版社，2022.

[3]廖雪花，朱洲森．Web 前端实用技术示例教程［M］．北京：电子工业出版社，2022.

[4]前端科技．Web 前端开发全程实战［M］．3 版．北京：清华大学出版社，2022.

[5]张晓如．Web 前端技术［M］．陕西：西安电子科技大学出版社，2022.

[6]崔仲远．JavaScript 前端开发与实例教程［M］．北京：清华大学出版社，2022.

[7]储久良，史律．Web 前端开发技术［M］．2 版．北京：清华大学出版社，2023.

[8]李立威，薛晓霞，王晓红，李丹丹，王艳娥．Web 前端设计基础［M］．2 版．北京：清华大学出版社，2023.

[9]王琦，王春红．Web 前端技术［M］．陕西：西安电子科技大学出版社，2024.

[10]代强，谭淦露．Web 前端技术应用［M］．重庆：重庆大学出版社，2024.